U0159601

纺织服装创新创业实践

主　编　王显方

副主编　李仲伟　曾语晴

　　　　李　昕　路　程

主　审　赵明威

西安电子科技大学出版社

内 容 简 介

本书结合纺织服装行业相关情况系统介绍了创新创业的基本思维方式、相关技能方法等,内容全面,具有较强的知识性、技能性和实用性,符合国家高等职业教育人才培养的需要。

本书分为六个部分,包括创新创业政策支持、中国纺织服装的发展历程、创新、创业、创业计划书、大赛介绍等,其中穿插安排了9个任务,每个任务都安排了相应的拓展训练,可以帮助读者通过实际训练及时、全面地掌握各个任务的内容。

本书既可作为纺织服装类高等职业院校学生的创新创业教育教材,也可作为高校创新创业指导教师的培训辅助教材。另外,本书还可以为实践中的创业者(包括准备创业者和正在创业者)提供指导。

图书在版编目(CIP)数据

纺织服装创新创业实践/王显方主编. —西安: 西安电子科技大学出版社,2020.10(2024.6重印)

ISBN 978−7−5606−5753−0

Ⅰ. ① 纺… Ⅱ. ① 王… Ⅲ. ① 纺织—高等职业教育—教材 ② 服装—高等职业教育—教材 Ⅳ. ① TS1 ② TS941.7

中国版本图书馆 CIP 数据核字(2020)第 126322 号

策划编辑 戚文艳
责任编辑 苑 林 戚文艳
出版发行 西安电子科技大学出版社(西安市太白南路 2 号)
电 话 (029)88242885 88201467   邮 编 710071
网 址 www.xduph.com   电子邮箱 xdupfxb001@163.com
经 销 新华书店
印刷单位 广东虎彩云印刷有限公司
版 次 2020 年 10 月第 1 版 2024 年 6 月第 2 次印刷
开 本 787 毫米×1092 毫米 1/16 印张 9
字 数 210 千字
定 价 22.00 元
ISBN 978−7−5606−5753−0 / TS
XDUP 6055001−2
如有印装问题可调换

前　言

　　2014 年 9 月，国务院总理李克强在达沃斯论坛上发出"大众创业，万众创新"的号召。几个月后，又将其写入了 2015 年政府工作报告予以推动。2015 年 3 月 11 日，国务院办公厅发布《关于发展众创空间推进大众创新创业的指导意见》（国办发〔2015〕9 号）。该意见指出，要加快实施创新驱动发展战略，适应和引领经济发展新常态，顺应网络时代大众创业、万众创新的新趋势；鼓励高校开发开设创新创业教育课程，加强大学生创业培训，以创业带动就业。2015 年 5 月 4 日，国务院办公厅发布《关于深化高等学校创新创业教育改革的实施意见》（国办发〔2015〕36 号）。该意见指出，要健全创新创业教育课程体系，组织学科带头人、行业企业优秀人才联合编写具有科学性、先进性、适用性的创新创业教育重点教材。按照《教育部关于做好 2016 届全国普通高等学校毕业生就业创业工作的通知》（教学〔2015〕12 号）文件的要求，各地各高校都要把提高教育质量作为创新创业教育改革的出发点和落脚点，根据人才培养定位和创新创业教育目标要求，促进专业教育与创新创业教育有机融合。从 2016 年起所有高校都要设置创新创业教育课程，对全体学生开设创新创业教育必修课和选修课，并将其纳入学分管理。

　　本书定位为创新创业教育通识类公共课教材，以培养学生创新意识和思维为主，以创业教育为辅。从实用、易教易学的角度出发，本书的内容划分为 6 个部分 9 个学习任务。与其他同类教材相比，本书具有专业性、实用性、趣味性等特点。

　　（1）专业性：本书选择了纺织服装创新发展和纺织服装专业学生创业的案例，有些案例虽然不是特别典型，但是从中可以体现纺织服装业发展的历史过程，还可以看到纺织服装专业学生在创新创业道路上不断成长的轨迹，凸显了纺织服装专业的特色。

　　（2）实用性：本书面向高职高专学生，注重创新创业理论与实践相结合，突出创新思维与创业素质培养，满足了全国纺织服装类高职高专创新创业课程的需要。

（3）趣味性：本书精编日常学习和生活中的实际问题作为模拟实践项目，有助于提高学生的学习兴趣和提升其创新创业的能力。

本书由陕西工业职业技术学院课程编写组编写，具体编写分工为：第一部分由李仲伟编写；第二部分由曾语晴编写；第三部分由王显方编写；第四、五部分由李昕编写；第六部分由路程编写。全书由王显方负责统稿和定稿。

本书在编写过程中参考了大量的书籍、文献等相关资源，通过互联网搜集了相关资料，引用了多位专家学者的著作和研究成果，限于篇幅不能逐一列出，在此对原作者致谢！也真诚地对给予我们支持和帮助的各位专家和老师表示衷心的感谢！

我国大学生创新创业教育发展还处于起步阶段，在写作过程中我们对创新创业的知识和实践理解还很不够，虽然我们尽了最大努力，但由于水平有限，疏漏及不成熟之处在所难免，恳请广大读者批评指正，以期不断改进。

编　者

2020 年 5 月

目　录

第一部分　创新创业政策支持 1

　一、习近平总书记给第三届中国"互联网+"大学生创新创业大赛

　　　"青年红色筑梦之旅"的大学生的回信 1

　二、教育部党组书记、部长陈宝生在第三届中国"互联网+"

　　　大学生创新创业大赛颁奖典礼暨闭幕式上的致辞 2

第二部分　中国纺织服装的发展历程 5

　一、1921—1949 年：乱世中生存的纺织行业 5

　二、1950—1978 年：艰难发展的中国纺织行业 6

　三、1979—1999 年：中国纺织服装业发展的春天 8

　四、2000—2011 年：中国纺织服装业跨入新时代 10

　五、纺织服装企业上市潮 11

　六、销售渠道的创新 12

第三部分　创新 15

　任务一　认识创新 15

　任务二　激发创新意识 27

　任务三　养成创新思维 31

　任务四　服装设计的创新思维 37

　任务五　创新方法 43

第四部分　创业 52

　任务一　了解创业 52

　任务二　创业者与创业团队 62

第五部分　创业计划书 77

　任务一　创业计划书概述 77

　任务二　编写创业计划书 79

第六部分　大赛介绍 93

　赛项 1　教育部关于举办第四届中国"互联网+"大学生创新创业大赛的通知 93

　　附件　第四届中国"互联网+"大学生创新创业大赛"青年红色筑梦之旅"

　　活动方案 99

赛项 2 全国职业院校技能大赛的通知 103

赛项 3 关于举办 2017 "瓦栏杯" 第九届全国纺织服装类职业院校学生纺织面
　　　料设计技能大赛的通知 115

赛项 4 2017 年陕西省高等职业院校技能大赛 "服装设计与工艺" 赛项规程 125

参考文献 137

第一部分 创新创业政策支持

一、习近平总书记给第三届中国"互联网+"大学生创新创业大赛"青年红色筑梦之旅"的大学生的回信

回信全文如下：

第三届中国"互联网+"大学生创新创业大赛"青年红色筑梦之旅"的同学们：

来信收悉。得知全国 150 万大学生参加本届大赛，其中上百支大学生创新创业团队参加了走进延安、服务革命老区的"青年红色筑梦之旅"活动，帮助老区人民脱贫致富奔小康，既取得了积极成效，又受到了思想洗礼，我感到十分高兴。

延安是革命圣地，你们奔赴延安，追寻革命前辈伟大而艰辛的历史足迹，学习延安精神，坚定理想信念，锤炼意志品质，把激昂的青春梦融入伟大的中国梦，体现了当代中国青年奋发有为的精神风貌。

实现全面建成小康社会奋斗目标，实现社会主义现代化，实现中华民族伟大复兴，需要一批又一批德才兼备的有为人才为之奋斗。艰难困苦，玉汝于成。今天，我们比历史上任何时期都更接近实现中华民族伟大复兴的光辉目标。祖国的青年一代有理想、有追求、有担当，实现中华民族伟大复兴就有源源不断的青春力量。希望你们扎根中国大地了解国情民情，在创新创业中增长智慧才干，在艰苦奋斗中锤炼意志品质，在亿万人民为实现中国梦而进行的伟大奋斗中实现人生价值，用青春书写无愧于时代、无愧于历史的华彩篇章。

习近平

2017 年 8 月 15 日

二、教育部党组书记、部长陈宝生在第三届中国"互联网+"大学生创新创业大赛颁奖典礼暨闭幕式上的致辞

致辞全文如下:

各位来宾、老师们、同学们、同志们:

第三届中国"互联网+"大学生创新创业大赛历时七个月,今天就要圆满收官了。在此,我代表大赛组委会、代表教育部,向获奖团队表示热烈的祝贺!向所有参赛学生、指导教师和专家评委表示诚挚的问候!向大赛各主办单位、承办校西安电子科技大学以及宣传报道大赛盛况的媒体朋友们表示衷心的感谢!

今年的大赛可以说非同凡响、继往开来。8 月 15 日,习近平总书记给第三届大赛"青年红色筑梦之旅"大学生回信,高度肯定了同学们把激昂的青春梦融入伟大的中国梦、奋发有为的精神风貌;高度赞扬了当代大学生学习延安精神,坚定理想信念,积极进取的意志品质;深切勉励青年学生扎根中国大地了解国情民情,用青春书写无愧于时代、无愧于历史的华彩篇章,为青年学子成长成才指明了方向。

在党中央、国务院的关怀指导下,本届大赛取得了丰硕成果,产生了良好的社会反响,可以用三个词来概括。第一个是"有热度"。学生参赛热情持续高涨,今年全国 2241 所高校、37 万个团队、150 万大学生参赛,还吸引了美、加、英、日、澳等 25 个国家和地区的 116 个大学团队报名参赛,涌现出了一批科技含量高、市场潜力大、社会效益好、具有明显投资价值的好项目,在更大范围内传播了创新创业文化。第二个是"有高度"。本届大赛从国家战略高度,服务创新驱动发展、"互联网+""一带一路"、精准扶贫等国家战略,举办了"青年红色筑梦之旅""互联网+"产学合作协同育人报告会等同期活动,打造了当代青年创新创业、服务国家和人民的平台。总书记给大赛"青年红色筑梦之旅"学生的回信更是将创新创业教育和大赛推向了新高度。第三个是"有广度"。社会各界广泛参与和支持大赛,800 多位投资人和企业家积极参与,为大学生提供投融资服务和创新创业指导,一批企业积极为大赛提供赞助和支持。三届大赛的举办既充分展示了高校创新创业教育的成果,又引领创新创业教育改革全面发力。近年来,高校创新创业教育改革取得显著成效,呈现多点突破、纵深发展的良好态势,

为全面推进高等教育综合改革、不断促进高校毕业生更高质量创业就业、持续推进经济结构转型升级发挥了重要的支撑和引领作用。

习近平总书记给大赛"青年红色筑梦之旅"学生的回信，对高等教育战线全面落实立德树人根本任务，深入推进创新创业教育改革提出了明确要求。我们要认真学习、深刻领会、贯彻落实习近平总书记重要回信精神，具体要做到"四个结合"：

一是要将青春梦、创新创业梦与中国梦紧密结合。各地各高校要持续推进创新创业教育改革，在课程体系建设、教学方法改革、教师队伍建设、管理制度创新等方面下大工夫，加快培养创新创业生力军。广大青年学生要有理想、有追求、有担当，把激昂的青春梦、创新创业梦融入伟大的中国梦，用创新创业成果为中华民族伟大复兴奉献青春力量。

二是要将思想政治教育与创新创业教育紧密结合。坚持以学生全面发展为中心，通过专业教育、创新创业教育与思想政治教育的协调推进，努力造就理想信念坚定、专业知识扎实、具有创新创业能力，德才兼备的有为人才。青年学生要深入基层了解国情民情，主动接受革命传统教育和思想洗礼，广泛开展"青年红色筑梦之旅"活动，不断提高创新创业实践能力，增强服务国家和服务人民的本领。

三是要将创新创业教育改革与高等教育综合改革紧密结合。创新创业教育改革具有"牵一发而动全身"的综合带动作用。我们要紧紧抓住这一改革的"牛鼻子"，有力推动高等教育改革创新。进一步完善科教融合、校企合作协同育人模式，推动形成需求导向的学科专业调整新机制，形成科学合理、灵活多样的教学管理制度新体系，全面提高人才培养能力。

四是要将中国探索与走向国际紧密结合。持续深化创新创业教育国际合作，举办"一带一路"大学创新创业教育校长论坛、青年创客大赛等活动，搭建经验互鉴、资源共享、协同共进的平台，为世界高等教育改革发展提供中国方案、贡献中国经验，进一步提升我国教育的国际话语权、影响力和竞争力。

同志们，青年是国家和民族的希望，创新是社会进步的灵魂，创业是推动经济社会发展的重要途径。"青年+创新创业"将释放出无穷的思想力量、实践力量、创新力量和服务力量。希望社会各界汇聚合力，为青年创新创业构筑护城河、打通产业链、营造生态圈，为创新创业教育提供更有力的支持。希望同学们牢记总书记嘱托，释放青春正能量，争做时代追梦人，让勤奋学习成为青春飞扬的动力，让增长本领成为青春搏击的能量，努力成为创新创业、服务人民、建设美好富强国家的奋进者、开拓者、奉献者，奋力书写无愧于时代、无愧于历史的华彩篇章！

最后，祝愿中国"互联网+"大学生创新创业大赛越办越好，祝愿中国创新创业教育越来越强，为实现全面建成小康社会奋斗目标和中华民族伟大复兴的中国梦贡献力量！

谢谢大家！

陈宝生

2019 年 9 月 20 日

第二部分　中国纺织服装的发展历程

一、1921—1949 年：乱世中生存的纺织行业

20 世纪的前半段，中国服装业在乱世里生存。那时的中国纺织服装行业虽然不像如今的五彩斑斓、繁杂多样，但是仍然是服装史上不可抹去的一段历史。民族资本纺织工业的兴起、中国自制缝纫机的生产成功、百年老店的经营理念等，都为中国纺织服装行业的发展作出了重大的贡献。

中国近代纺织工业是在外国资本主义势力不断侵入、中国半殖民地半封建程度不断加深的背景下诞生的。一方面，近代纺织品市场的发展为近代纺织工业的兴办创造了条件；另一方面，西方近代纺织技术所带来的经济效益对一些买办、地主商人和手工工场主产生了极大的吸引力，从而促成了民族资本纺织工业的兴起。荣氏家族企业就是一个典型。

近代纺织企业采用大机器生产，提高了劳动生产率，代表着社会生产力的新发展，引起了生产变革和社会变革。无论是官办、官督商办、官商合办，还是商办企业，都是以商品生产、追求利润为目的，因此都具有资本主义的性质。近代纺织业引进西方纺织技术，开拓纺织生产的过程，也是训练和培养纺织工人与技术力量的过程。这期间，中国纺织业有了新的发展，但整体发展是不平衡的：第一，四分之三以上分布在上海、天津、青岛等少数沿海大城市，而四川、贵州、云南等 13 个省份的生产能力都很小；第二，外资比例大，原材料控制在外国人手中，机器设备都依赖外国。

抗日战争爆发后，中国纺织服装行业几乎被日本垄断，遭受巨大破坏。抗日战争结束时，中国政府接管了日本在华的 69 个纺织厂，组成了名为国营实为官僚资本控制的垄断企业"中国纺织建设公司"(简称中纺公司)，总部设在上海，下设天津、沈阳、青岛三个分公司。

中纺公司在当时中国纺织业中处于举足轻重的地位，技术也处于领先地位。其吸收日资工厂管理的优点，去粗取精，汇编整理出版了纺织操作标准方法、纺织工艺规范等技术文件，开办技术训练班培训各级技术骨干和技术工人。经过几年的努力，分属于几个日资集团的繁复管理系统被整顿成为集中统一的管理体系，达到了资本主义企业管理的较高水平，也为后来转为社会主义国有企业准备了技术、干部和组织条件。

中国的缝纫机产业是从维修开始的。1912 年，苏州申晶缝纫机号开始经营、修理、装配缝纫机，一些外国的机器厂家也开始在国内开设办事处，国内外贸易带动了缝纫机使用技术、维修技术的传授和推广，从而开始了从维修到仿制的中国缝纫机工业的第一步。1927 年，协昌缝纫机公司试制成功 25K-55 型草帽缝纫机，商标定名为"红狮牌"。由此，中国第一架国产缝纫机诞生，并先后生产了近两百台投放市场，成为我国家用缝纫机工业的起点。1937 年，飞人机械公司成立，最初经营袜机、袜针、丝光纱线等商品，1940 年月产

缝纫机 40 台，1947 年 8 月 6 日新"飞人牌"缝纫机商标批准注册，从此风靡全国。但是，在 1949 年以前，中国的服装机械全部停留在缝纫机的维修、仿制和小批量生产的萌芽阶段。包括协昌缝纫机公司、惠工铁工厂、新记缝纫机厂等，这些工厂大都只制造铸铁零件，其他零配件多为由日本或美国进口再进行组装。据不完全统计，截至 1949 年 12 月，中国缝纫机工业从业人员仅 500 人，年产家用缝纫机仅 4000 台。

百年老店在历史中摸爬滚打，瑞蚨祥、谦祥益等闻名于世的百年布店，在大浪淘沙之后成就百年基业，凭的不仅是领导者的胆识，更重要的还应该是管理的策略。塑造品牌意识、严谨管理这些在如今都是各大企业发展重中之重的金点子在当时就已经被这些百年老店所运用。以谦祥益为例，"没有谦祥益的布不出嫁""谦祥益的房子——内外强(墙)"，这些俗语都是用来形容这个百年老字号的。和气致祥，诚信待客，就是谦祥益的店风，也是谦祥益经营之道的精髓和百年长盛不衰的秘诀。当时汉口人还有一个歇后语，"谦祥益的招牌——一言堂"。"一言堂"是指无须讨价还价，不分亲疏，平等待人。当时谦祥益的招牌品牌是宝蓝官布、宝蓝竹布、宝蓝洋布，统称三宝布或三蓝布。谦祥益看准市场特点，正确定位，使该店在变幻莫测的市场竞争中集中力量，狠下工夫，主攻市民需求量大的"三宝蓝布"。穿厌了土布的老百姓把这些平整光鲜的三宝布统统称为"洋布"。"谦祥益的房子——内外强(墙)"这句歇后语，一是说它的服务质量强，二是指它的布匹质量强。在企业管理上，谦祥益有一套成文店规，他们提出并遵循的"货真价实，童叟无欺"的经营管理理念是他们发展起来的至关重要的因素之一。谦祥益以管理取胜，当时制定的店规以今天的眼光来看，仍然是一份上好的管理规章，事无巨细，可操作性极强，对于现今的企业管理也有借鉴意义。

二、1950—1978 年：艰难发展的中国纺织行业

1950—1978 年，中国纺织服装行业艰难发展，从国家发展历史进程上来看，这是一个极为重要的年代。

在这个年代，由于中国国民经济发展缓慢，物资匮乏，纺织产业的首要目标就是尽快解决我国广大城乡人民的穿衣问题。为此，党中央提出依靠农业提供的天然纺织原材料，重点发展棉纺织业，同时兼顾毛、麻、丝纺织，针织以及化纤工业纺织发展战略方针。到 20 世纪 70 年代末，我国纺织产业发展成为一个品种丰富、工业门类齐全的产业。这一阶段的纺织产业属于典型的自给自足型，纺织品服装的出口很少，仅用以换取一定的外汇以进口国民经济所需的其他必要物资。

1949 年 10 月国家设立中央人民政府纺织工业部，1954 年 9 月成为国务院组成部门，原中央人民政府纺织工业部的工作移交给中华人民共和国纺织工业部负责；1970 年 6 月纺织部与第一轻工业部、第二轻工业部合并为轻工业部，1977 年 12 月纺织部从轻工业部分出；1993 年 3 月撤销纺织工业部，成立中国纺织总会，为国务院直属事业单位；1998 年 3 月中国纺织总会改组成国家纺织工业局，由国家经济贸易委员会管理；2001 年 2 月撤销国家纺织工业局，成立中国纺织工业协会。

中华人民共和国成立初期，纺织工业的国营经济成分主要是通过接管官僚资本主义纺织工业企业并对其加以社会主义改造后形成的，当时纱锭占全国棉纺纱锭总数的 36%；而

民族资本主义纺织工业所占比例较大，在全国棉纺纱锭中占到60%；手工纺织工业企业单位数量虽然占绝对优势，但总的生产规模都不大，在纺织生产中不占有重要地位。中华人民共和国成立后，中国纺织工业的原料是以棉花为原料的天然纤维，且棉花产量长期徘徊在年产4000万担的水平上。

从中华人民共和国成立后到改革开放前的近30年时间里，就纺织业来说，其发展可谓几起几落，总体上处于缓慢的发展阶段。

国家建设进入"一五"(1953—1957年)时期后，建设重心在重工业建设方面，而这个时期中国的物资短缺现象也非常突出，国家因此实行了"统销统购"政策，中国进入"票证年代"。

在1959至1961年的"三年灾害"时期，中国国民经济大幅下滑，粮食危机降临。到1960年，全国的粮、棉、油拥有量分别比1957年下降了29.7%、38.5%和56.1%，因此，中国不得不进口粮食。进口粮食需要外汇，当时能够换回外汇的商品除了煤炭之外，主要就是棉花，于是国家缩减棉布的供应，在当时棉花可谓扮演了"救万民于水火"的角色。

经济的萧条使得纺织工业发展放缓，全国各行业很多工厂都被关停。1962年底，全国关停倒闭的工厂数达到4.4万个。其中，与纺织行业相关的化工企业减少42%，机械企业减少31%。

进入20世纪60年代后，国民经济开始恢复，国家开始规划"三五"计划(1963—1967年)，"吃穿用计划"被提了出来，"穿"指的就是纺织品。遗憾的是，由于受国际局势的影响，这个计划最终流产，国家转而进入"三线建设"(指把沿海一些重要的工业企业迁向西南和西北地区)阶段。好在"三线建设"成果十分显著，在轻纺工业方面，造纸、缝纫机、皮革制品、棉纺织、毛纺织、丝绸、印染、针织、化纤、纺织机械等生产企业在西部全面铺开。其中，新建五万锭以上的棉纺织厂有七个。

在相当长的时间里，人们为能够穿上一件新衣服而煞费心思，"新三年，旧三年，缝缝补补又三年"就是当时的真实写照。因此，20世纪50～70年代末，受多方面因素影响，国内的服装业发展颇为艰难，同时也不可避免地被打上了诸多政治烙印。

20世纪50年代，旗袍、西装不再是社交场合的必需，中山装、列宁服成为新宠。工装背带裤是20世纪50年代的另一新时尚，因为中华人民共和国成立后，翻身做主人的中国人民都需要参加劳动，建设新中国，这就需要耐磨耐脏的日常服装。工装与军装的灰蓝绿自然成为最实际的流行色。

在20世纪60～70年代后期，社会上兴起了"四大件"的说法，包括收音机、自行车、缝纫机和手表。和服装密切相关的缝纫机在那个年代成为家庭拥有的"奢侈品"。因此，缝制机械工业得到了充分的发展，行业经历了改组、改造阶段，公私合营、兼并合作，进行了合理的分工，形成了一批骨干企业，如上海蝴蝶和天津缝纫机厂、广州的华南缝纫机厂等。20世纪50年代末，轻工行业对家用缝纫机实行了通用化、标准化，统一了设计图纸，提高了零部件的兼容性，使缝纫机生产企业不断增多。截至1980年，全国共有缝纫机生产企业56家，分布在22个省市。

20世纪60年代的中国，政治运动使服装款式逐渐一致，色彩也逐渐单一，且不分男女，相同的装扮，给人枯燥乏味之感。由于中苏关系在此时急转直下，因此连衣裙、列宁装被认为是"修正"，一时间消失得了无踪迹，军装又成为人们的最爱，中国进入了蓝灰绿的无彩色服装时代。但是令人眼前一亮的是，穿海魂衫是 20 世纪 60 年代的另类时尚，特别是 60 年代中期，年轻人和孩子们几乎都穿海魂衫，蓝白间隔的横条纹随处可见。受十年"文化大革命"(1966—1976 年)的影响，20 世纪 70 年代初期、中期的服装风潮依然延续了 60 年代末的绿军装，这种军装时尚一直持续到"文化大革命"结束。

随着"文化大革命"的结束，西方的一些时尚理念和服装开始传入中国，与国内服饰的发展交织在一起。思想禁锢解除了，人们的审美思维也随着花衬衫、卡其喇叭裤的兴起被充分地调动了起来，国人的服饰世界顿时五彩斑斓起来，此时的"花里胡哨"不再被当作"奇装异服"。女孩子们脱去了暗淡灰色的外衣，换上了色彩鲜艳的编织毛衣。20 世纪 70 年代，一种名为"的确良"的布料流行了起来，这是纺织部曾经主持开发化学纤维的成果之一。由于当时中国合成纤维的技术问题始终解决不了，只能用涤纶布制成衣裤，其布料被称为"的确良"。虽然这种面料很不透气，但是看上去挺括、滑爽、不皱，耐穿易干，在当时几乎一衣难求。不过从那时起，中国服装产业如旭日喷薄，其发展之快令世人刮目相看。特别是在往后的 30 年中，中国成为世界上最大的纺织服装制造国家。

三、1979—1999 年：中国纺织服装业发展的春天

1978 年，改革开放的春雷在中国大地擂响，中国服装产业发展的春天也随之到来。1979 年，一个高鼻子、蓝眼睛的外国人——皮尔·卡丹先生来到中国，一场在北京民族文化宫的服装表演像一枚重型炮弹一样，炸开了中国人对服装认识的另一扇门。与此同时，中国国内的一些服装工厂开始如雨后春笋般出现，虽然无论是规模还是技术，抑或是设计力量还都非常薄弱，但一些日后如日中天的大品牌们——雅戈尔、杉杉、利郎、七匹狼等正是源自这些服装工厂。

品牌集体创世纪，1979 年 2 月，760 万上山下乡的知青大军潮水般地返回他们当年出发的城市。中共中央、国务院迅速批转了第一个有关发展个体经济的报告："各地可根据市场需要，在取得有关业务主管部门同意后，批准一些有正式户口的闲散劳动力从事修理、服务和手工业者个体劳动。"紧跟这一信号，1979 年底，浙江省宁波市鄞州区(当时称为鄞县)石碶镇成立了一家青春服装厂。说是工厂，其实只是一个蜗居于戏台地下室的原始小作坊，几台家用缝纫机是用 2 万元知青安置费买的，尺子、剪刀、凳子是职工自带的，主要为其他厂加工背心、短裤、袖套等。它就是雅戈尔，这个日后著名的中国服装品牌正是脱胎于这个"青春服装厂"，而其品牌 Youngor 也源于英文 younger(更年轻的)。几乎在同时，1980 年，一个叫洪肇明的福建晋江农民，在他生日那一天，拆下两扇门板，用来当作服装加工的裁床，开始了白手起家的创业。如今，这个称为劲霸的男装品牌已经把品牌价值做到了将近 150 亿元。接下来，1989 年，同样是在晋江，林聪颖拿着自己做生意赚的一点辛苦钱，再加上从亲戚那里借来的 18000 元，一共靠着 72000 元的原始资金，向镇政府租了 500 平方米的场地，买了几台二手锁边机和裁床，缝纫机、剪刀、凳子全由工人自己带。林聪颖又到附近的城镇请来几个老裁缝，并对新工人进行了一个多月的培训，这家裁缝店就是日后被称为"西裤专家"的九牧王前身。进入 20 世纪 90 年代，利郎、七匹狼、报喜鸟、依文、庄吉这些日后成为中国服装中坚力量的品牌纷纷创建和成立。

不仅是男装品牌，这个时期，一批女装品牌也开始萌芽并崭露头角——淑女屋、玛丝

菲尔、江南布衣、白领、歌力思均诞生于 20 世纪 90 年代，而它们都无一例外的是当下极具知名度的领军品牌。

20 世纪 70 年代末 80 年代初，专业市场初长成。1979 年，湖北武汉率先在全国采取免除税收、管理费等政策，吸引商户到汉正街经营小商品，并突破国营商业独家批发体制，允许个体经济从事批发业务。1982 年 8 月 28 日，《人民日报》发表社论《汉正街小商品市场的经验值得重视》，充分肯定了汉正街发展小商品市场的经济模式。同年 9 月，中共十二大会议则明确提出"计划经济为主，市场调节为辅"的原则。

旺盛的市场需求和政策的转向催生了一个由卖方市场主导的商业时代，之前的"投机倒把"者成为市场经济的先行者。20 世纪 80 年代，当时被称为"倒爷"的人成为市场经济初期激活服装商业的主力军，以他们所贩卖服装为主体的服装经营集散场所就是现在专业市场的雏形。

在中国南方的虎门，一个称为富民时装城的大厦拔地而起。在投建之初的 1993 年，富民曾耗资 7000 万元，这在当时着实是个不小的数字，但其开业第一年就实现了成交额 10 亿元；并且，短短三年后，在 1996 年年底盘算时，这个数字已高达 15 亿元。直至今日，富民一直处于虎门服装专业市场的领头羊位置，更是虎门服装发展的晴雨表。1993 年 1 月，同样也是在广东，广州白马服装市场横空出世。1998 年 11 月 18 日，白马公司承办了广州服装节，此次服装节的举办开创了广州举办服装节的先河。现在，它早已经是"白马大厦，服装天下"。同样是在 1993 年，在中国的北方城市，沈阳五爱市场完成了由"集"到"市"的转变，市场占地已达 10 万平方米，场内摊位达 15327 个，业户达 1.6 万户，从业人员达 4 万人。一年后，1994 年 9 月 16 日，五爱服装城举行了隆重的建设奠基仪式。关于五爱市场，作家木青曾深入业户、工商部门、各级领导中，创作了反映五爱市场的长篇纪实小说《五爱街》。1999 年，五爱市场的成交额已达 128 亿元，税收达 1.2 亿元。到了 20 世纪 90 年代中后期，批发市场已成为服装流通的主要渠道，部分市场向着规模化、规范化、品牌化迈进。

1978 年，我国服装年产量为 9.51 亿件，这一数字在 1979 年、1980 年和 1981 年分别上升为 10.61 亿件、12.43 亿件和 14.73 亿件。虽然每年增幅都在 10% 以上，但平均到全国，每人每年却只有一件左右的服装可供消费。1984 年，我国棉花产量达 1.25 亿担，比 1978 年净增 8000 万担，六年间每年递增 19%，相当于前 25 年递增速度的 5.6 倍。同样是在这六年间，化纤平均每年递增 17.1%，纺织工业总产值递增 10.9%，增长速度都大大超过前 29 年的平均水平。1986 年 10 月 24 日，国务院 121 次常务会议决定，纺织品是我国今后一个时期增加出口创汇的重点，必须尽快把纺织品出口搞上去。在这一政策的推动下，中国的纺织品出口有了一个全面的提升。1986 年我国纺织品服装出口额不足 100 亿美元，而 1993 年我国纺织品服装出口额则较 1986 年增长了 2.17 倍，显示出我国纺织品服装生产能力和出口能力不断增强，纺织品服装成为我国第一大类出口创汇产品，为国民经济建设提供了大量的外汇资金。1994 年是关键的一年，也是值得记住的一年。在这一年，我国纺织品服装出口额达 355.5 亿美元，占全球纺织品服装比例的 13.2%，成为世界纺织品服装第一大出口国。

这期间，我国纺织品出口结构也发生了很大变化。20 世纪 80 年代初，我国纺织品出口以纱布等初级产品为主，纱布及半成品出口占到纺织品服装出口额的 80% 以上；到了

1998 年，服装出口已占到 70%，纱和坯布出口下降到 3%左右。1999 年，美国从墨西哥进口服装每平方米平均单价为 3.17 美元，韩国为 3.98 美元，泰国为 3.79 美元，从中国进口服装的单价为 4.6 美元，中国对美服装出口的单价超过其进口平均价的 30%。

四、2000—2011 年：中国纺织服装业跨入新时代

时光进入 2000 年后，中国服装行业经历了一场变革。由于国内消费观念和消费水平的提高，加之国际、国内服装市场强有力的竞争，促使服装行业加快产业结构和产品结构的调整步伐，步入"转轨升级"的新阶段。进入 21 世纪，中国服装纺织工业进入了前所未有的一段高增长时期，中国服装纺织工业的总规模、总产量、总出口都已居世界前列，其中，棉纺、毛纺、丝绸、化纤服装等产量均居世界之首。产业综合能力不断增强，基本形成了上中下游相衔接、门类齐全、行业配套，多种纺织原料基本满足的较为完整的产业体系。21 世纪，我国已由"纺织大国"向"纺织强国"的转变迈进。

2002 年 12 月 24 日，是中国纺织工业发展中具有里程碑意义的日子。这一天，在北京人民大会堂，中国纺织工业协会(现中国纺织工业联合会)向获得中国纺织产业基地市(县)、特色城(镇)称号的地方进行了首批授牌，38 个市(县、区)签署了"十二五"期间纺织产业集群试点共建协议书，被列为纺织产业集群试点地区。这标志着中国纺织工业联合会领导集体审时度势，创造性地开拓了新型的纺织产业集群工作，体现了行业领导集体与时俱进的决策、远见、智慧与能力，具有重大的行业战略意义。

但前进的步伐并不是一帆风顺的，2008 年美国经济危机使得中国纺织服装面临着严峻的挑战。据中国海关统计，2008 年全国纺织品服装进出口 2037.5 亿美元，增长 7.3%，占全国货物贸易总额的 8.0%，其中出口 1852.2 亿美元，增长 8.2%，占全国货物贸易出口的 13%；进口 185.4 亿美元，下降 0.6%，占全国货物贸易进口的 1.6%。外围经济减速和居民收入增速下滑引致行业出口和内销增速下滑，景气回落。在随后的 2009 年，纺织服装主要产品产量增速持续回落；原材料价格总体上涨，纺织服装零售物价总体回落；行业回报率低下，投资增速明显下滑；出口成本上升，行业周转率下降，财务费用大幅攀升。

但是随着时间的推进，2010 年中国纺织服装行业已经慢慢走出危机阴影，进入另一个增长期。据海关统计，2010 年 11 月，我国纺织品服装进、出口增速十分强劲，出口 190.2 亿美元，同比增长 36.2%，环比增长 6.9%；进口表现更为"抢眼"，当月进口 19.3 亿美元，创历史新高，同比增长 31.3%，环比增长 22.9%。2010 年 1～11 月，我国纺织品服装进、出口累计增幅全部回升至 20%以上。其中出口 1866.2 亿美元，同比增长 24.2%，较 2009 年全年增长 11.7%；进口 181.2 亿美元，增长 20.3%，较 2009 年全年增长 7.7%。

2011 年以来，在出口和内需市场均向好的背景下，纺织服装行业的整体运营环境都有着较好的改善，海关总署 2011 年 6 月 10 日发布了前五个月我国外贸进出口情况。据海关统计，1～5 月，我国进出口总值 14017.9 亿美元，比去年同期增长 27.4%。其中出口 7123.8 亿美元，增长 25.5%；进口 6894.1 亿美元，增长 29.4%。累计贸易顺差 229.7 亿美元，减少 35.1%。至此，中国纺织品服装进出口走出阴影，进入平稳增长时期。

2012 年 5 月，中国纺织工业联合会发布了《建设纺织强国纲要(2011—2020)》。《建设纺织强国纲要(2011—2020)》指出，为了实现 2020 年建成纺织强国的宏伟目标，中国纺织

工业要顺应新期待，实现新要求，塑造新优势，完成科学技术进步、品牌建设、可持续发展和人才队伍建设这四大核心任务。《建设纺织强国纲要(2011—2020)》的发布对于促进全行业积极适应形势变化，抓住未来 10 年重要的战略机遇期，实现更高水平的新发展具有重要意义。

为更好地引导产业集群规范、有序地发展，按照布局合理、特色鲜明、用地节约、生态环保的原则，支持培育一批重点示范产业集群，发挥其转型升级的带头和示范作用，推动其他产业集群协调发展、创新发展、可持续发展。促进产业结构进一步优化与升级，经济总量在技术进步、生态安全、创新驱动下进一步实现质量效益型增长。推广节能减排新技术和新装备，推广清洁生产，发展循环经济。继续在纺织产业集群地加强企业社会责任的建设，推广实施中国纺织企业社会责任管理体系(CSC 9000T)，全面提升纺织企业社会责任管理水平，促进产业集群的可持续发展。

五、纺织服装企业上市潮

纺织服装企业的上市起始于 20 世纪 80 年代。1989 年，杉杉品牌的创始人和缔造者郑永刚发出"创中国西服第一品牌"的誓言，在中国率先提出品牌发展战略，并在 1996 年成为中国服装业第一家上市公司，从此揭开了中国服装服饰品牌企业上市的序幕。1979 年创建的雅戈尔集团经过 20 年的发展后于 1998 年底上市，成为在 2000 年前首先上市的两家服装企业之一。

真正的服装企业上市大潮开始于 2000 年后。2000 年大连大杨创世股份有限公司首先揭开了 21 世纪上市的第一波，2001 年江苏红豆实业股份有限公司、内蒙古鄂尔多斯羊绒制品股份有限公司分别上市，2004 年福建七匹狼实业股份有限公司上市、李宁体育用品公司在香港上市，2005 年福建鸿星尔克体育用品有限公司在新加坡上市，2007 年安踏体育用品有限公司、拥有 KAPPA 在中国大陆及澳门独家经销权的中国运动服饰集团——中国动向、波司登国际、百丽国际先后在香港联合交易所上市，2008 年上海美特斯邦威服饰股份有限公司、特步国际上市，2009 年中国利郎有限公司、匹克体育用品有限公司上市，2010 年希努尔男装股份有限公司、上海嘉麟杰纺织品股份有限公司、北京探路者户外用品股份有限公司、东莞市搜于特服装股份有限公司上市，2011 年浙江森马服饰股份有限公司上市……

上市是对企业管理规范化的过程，要把企业历史上所有的事情，包括问题等全部拿出来进行重新审视，看其是否符合上市的要求。因此，上市也是对企业重新评估的一个过程。虽然上市的过程对于企业来说很痛苦，但同时也是对企业整体运营状况的一次很好的评估，并且上市对于企业品牌推广、形象提升以及业务推广的作用都不可小觑。目前在国内 A 股的服装企业，其上市后的营业收入、净利润等都有明显增加。

1995 年之前，A 股纺织服装类企业几乎都是代工型企业。A 股纺织服装板块目前有上市公司 77 家，其中五分之三属于代工制造型企业，业务模式主要是定点生产(Original Equipment Manufacturer, OEM)等，市场主要在国外。这类企业大多于 20 世纪 90 年代登陆 A 股，此后上市的纺织服装企业大多是找到独特竞争力而实现专业化运营与模式升级的业内佼佼者。

市场格局首次变化出现在 20 世纪 90 年代末，标志性事件是 1996 年 1 月 30 日杉杉股份、1998 年 11 月 19 日雅戈尔的上市。自此，兼营生产与零售、同时主打自有品牌类型的服装企业开始受到资本市场的关注。此后，越来越多原有的代工型企业开始尝试转型：经营理念由生产者导向转变成为市场导向，经营重心由产品导向转变成为品牌导向。2004 年七匹狼，2007 年报喜鸟，2010 年希努尔、凯撒的上市等均是典型案例。

再至 2008 年，市场格局出现二次变化，美特斯邦威等上市服装企业"耐克模式"受到 A 股投资者的认可。"耐克模式"，即初期将产品制造环节外包，而零售环节则以加盟商为主、自营为辅，自身集中力量于设计开发和市场推广。这种轻资产运营模式大大降低了原始资本投入，放弃了产业链附加值较低的制造环节，提高了资本回报率。面对向来癖好"模式与概念"创新的资本市场，美特斯邦威的上市无疑取得了巨大成功，其后至今的探路者、搜于特、森马等上市之路均复制了相同路径。

在 21 世纪，纺织服装企业通过上市获取了更多融资手段，取得了更大的发展空间，并向更加规范的管理模式靠近，与国际接轨已成为现实。

六、销售渠道的创新

在终端为王的服装行业，无论是直营还是代理，实体店铺的渠道铺建都是企业最重要的环节。而 2000 年后，随着电子商务进入服装领域，服装行业开始进入多渠道立体式营销时代。

电子商务在 1997 年开始进入中国，当时互联网全新的引入概念鼓舞了第一批新经济的创业者，他们认为传统的贸易信息会借助互联网进行交流和传播，商机无限。于是，从 1997 年到 1999 年，美商网、中国化工网、8848、阿里巴巴、易趣网、当当网等知名电子商务网站先后涌现。从最初的导入期到如今的上升期，电子商务已有 22 年历史。而对于服装产业而言，这中间不得不提的是 PPG。2008 年，PPG 以势不可挡的势头进入人们的视线，让服装电子商务从被质疑到被追捧，虽然最后 PPG 以"先烈"的姿态最终倒下，却为服装电子商务带来了全新的局面，也促进了服装电子商务在之后的几年呈现爆炸式增长。

随着网络的深入、普及和开放，以及技术手段的大大加强，服装电子商务市场的增长速度大大超乎国人的想象。同时，通过电子商务行业一大批先行者对市场不遗余力的培育，通过对网民消费思维、消费习惯的引导，各网站大力加强用户体验，不断推出满足用户需求的新产品，让网络购物与实体店购物的差别越来越小，甚至在某些方面实现了超越。如今服装电子商务领域已经进入快速成长期，开始逐渐引爆流行。

2009 年服装的网上零售同比增长 97%，市场规模从 2007 年的 150 亿元增长到 2009 年的 640 亿元。事实上服装电子商务已经成为一种趋势，随着计算机与网络的普及，电子商务已经进入快速增长时期，服装电子商务也在同步增长。相关数据显示，仅在 2010 年，就有 1.3 亿网民购买了服装和鞋。而融资 1 亿美元后，凡客诚品(VANCL)的估值更是达到了惊人的 50 亿美元，成为"中国估值、销售量最大的服装品牌"，仅用三年多时间，就超越国内其他服装企业十几年、甚至 30 年所走的历程，并远远超越了它们。

服装电子商务作为服装企业营销手段之一，由于它的经济性和便捷性，近年来越来越受到服装企业的重视。特别是随着信息技术的发展和全国范围的网络普及，电子商务以其特有的跨越时空的便利、低廉的成本和广泛的传播性在服装行业中取得了极大的发展。而传统服装品牌和互联网新兴服装品牌均具有自己的用户群，并且还会出现用户的重叠和交叉。这种特性让服装电子商务在激烈的竞争中拥有着相当大的生存空间，不会遭遇严重的同质化危险，服装企业只要找准定位就能在茫茫的服装电商大军中成功突围。

在传统服装行业纠结于赢在终端的店铺成本越来越高时，电子商务给传统服装行业带来了新的渠道模式，电子商务成为未来传统服装行业必须要面对的话题，让传统服装行业又多了一个挑战的同时，也多了一种盈利的可能，线下线上立体式营销时代已经来临。

案例

郝建秀工作法

"郝建秀细纱工作法"（又称"五一细纱工作法"）简称"郝建秀工作法"，作为中华人民共和国成立初期纺织工业战线上的一面旗帜，曾大大鼓舞了广大纺织职工的劳动热情和生产积极性。在"郝建秀工作法"的影响下，一个"能手成林、标兵机台成列、表演竞赛成网、互助协作成风、先进经验成套"的生动局面很快形成，一大批业界翘楚纷纷涌现。

中华人民共和国成立初期，青岛纺织工业虽然很快恢复了生产，但企业管理还不能适应社会主义生产方式的需要，管理水平也比较低下。为了把旧的官僚资本企业改造成为人民服务的企业，把旧的管理方法改变为科学的社会主义管理方法，企业进行了民主改革、生产改革和经营改革。

1950年，青岛纺织业开展以增产节约为主要内容的"红五月"生产劳动竞赛活动。各国棉厂细纱车间对值车工生产的皮辊花实行按机台、按人分别过磅，逐月进行记录，作为考核轮班、个人成绩的依据。这项制度的实施，对提高劳动生产率，改善成纱质量，节约人力、物力都起到了积极的推动作用。在实施这项制度中，青岛第六棉纺织厂（以下简称国棉六厂）细纱车间甲班第三组的值车工郝建秀以优异成绩初露锋芒。她每天出的白花最多为6两，最少为2两，连续7个月平均皮辊花率仅0.25%。而当时全国的平均水平是1.5%，郝建秀出皮辊花率仅为全国平均水平的1/6，因而引起了厂内领导和工人们的注意。

1949年11月，15岁的郝建秀考入国棉六厂当养成工，3个月期满定为正式细纱甲班值车工。她出身贫苦，只读过4年小学。入厂后，在党、团组织的教育培养下，郝建秀提高了阶级觉悟，增强了生产责任心。她牢记1950年春节自己成为正式工人后，上的第一个夜班因打盹而放大花的教训。为了不打盹，她不断地巡回车挡。在巡回中郝建秀发现，只要做好了清洁工作，断头就少。于是，她把几种工作程序紧张有序地进行，省出时间来多做清洁工作，掌握了巡回规律，减少了断头。但因这时细纱车间还没有建立对皮辊花分台过磅的制度，所以郝建秀的成绩没有被发现。

1950年开展"红五月"劳动竞赛以后，国棉六厂细纱车间也建立了个人白花过磅记录制度。郝建秀优异的工作成绩和先进的工作方法受到工厂领导的表扬。郝建秀以此为动力，决心干出个好样来。她进一步钻研技术，反复练习减少断头的操作方法，

· 14 · 纺织服装创新创业实践

白花出的一天比一天少，从而她在全厂出了名，成了生产能手。1950年6月，郝建秀被评为厂级二等劳模；同年11月，国棉六厂团委吸收郝建秀加入了青年团。在党、团、工会组织的培养下，郝建秀各方面进步很快，政治觉悟明显提高。她的值车能力从看300锭逐步提高到400锭、500锭，一直提高到600锭，但出的白花却始终保持在0.2%～0.3%。到1951年2月，郝建秀的平均皮辊花率为0.25%，创造了连续7个月少出白花的新纪录。

1951年2月，山东省工矿企业检查团到青岛检查工作，听到郝建秀少出白花的事迹后，认为当时出0.25%的白花数字是全国罕见的，应很好研究，并推广出去，同时马上组织报社报道。从此，郝建秀少出白花的操作法引起了重视。

从1951年3月开始，人们对郝建秀工作法进行了三次总结。第一次是国棉六厂总结的，其结论是"三勤、三快"，即眼要勤看、快看，腿要勤跑、快跑，手要勤清洁、快接头。"三勤、三快"经验在青岛日报登出后，经过各厂细纱工人的亲自实践，大家都累得吃不消。"三勤、三快"总结送到纺织工会全国委员会以后，陈少敏主席指出"这个总结不实际"。她认为，郝建秀的成绩能够坚持七八个月，绝不是一个"三勤、三快"就可以达到的，她要求重新进行总结。

第二次总结仍然没有离开"三勤、三快"的框架，只是添上了车台卫生比别人干净，人从来不离开车挡，因此仍然没有总结出郝建秀工作法的主要精神。

1951年6月2日，中国纺织工会全国委员会与青岛市总工会等部门在中共青岛市委的领导下，联合组织了"郝建秀工作法研究委员会"(以下简称研究委员会)，研究与总结郝建秀的经验。研究委员会由中国纺织工会全国委员会生产部副部长朱次复领导，吸收有关部门干部、专家、技术人员及劳动模范等共17人组成，对郝建秀工作法进行第三次总结。研究委员会从6月4日开始，到6月8日结束。前两天在现场实地观察与测定郝建秀的操作，后三天研究分析和进行总结。第一天上午，研究委员会的全体成员观察了郝建秀的值车操作；下午，委员会的17个人分成接头动作、接头时间、清洁时间、清洁动作、动作顺序五个组，分别进行研究与测定。经过5天的努力，郝建秀少出皮辊花的经验终于找出来了。

郝建秀工作法基本内容有如下三点：

(1) 工作主动，有规律、有计划、有预见性，她是人支配机器，不是机器支配人，按照一定的规律工作，一切争取主动。

(2) 生产合理化，把几种工作结合起来做，做到了既省力又省时间。

(3) 抓住了细纱工作的主要环节，清洁工作做好了，断头就少；皮辊花出得少，产量就高，质量就好。

郝建秀工作法创造的价值主要有四项：

(1) 使产量增加，原料节约，成本降低，机器寿命延长。

(2) 节省劳动力，提高工人看台能力。以看车为例，学习郝建秀工作法后，看台能力均提高了200～300锭。

(3) 郝建秀工作法既适用于前纺、织布和保全，也适用于全市各产业。

(4) 郝建秀工作法为定额管理打下了基础，对实行经济核算创造了条件。

第三部分 创 新

任务一 认识创新

知识目标

1. 掌握创新的概念
2. 了解创新的分类
3. 掌握创新与创意的区别
4. 掌握开展创新的过程

能力目标

1. 能够转变思想鈫强化创新意识
2. 能够树立创新的信心
3. 能够结合所学知识鈫进行简单的创新活动

一、创新的概念

创新是人类特有的认识能力和实践能力,是人类主观能动性的高级表现,是推动民族进步和社会发展的不竭动力。一个民族要想走在时代前列,就一刻也不能没有创新思维,一刻也不能停止各种创新。

创新是以新思维、新发明和新描述为特征的一种概念化过程。"创新"一词起源于拉丁语,有三层含义:更新、创造新的东西和改变。从本质上来说,创新是创新思维蓝图的外化和物化。

创新是指以现有的思维模式提出有别于常规或常人思路的见解,利用现有的知识和物质,在特定的环境中,本着理想化需要或为满足社会需求,而改进或创造新的事物、方法、元素、路径和环境,并能获得一定有益效果的行为。

经济学家熊彼特在所著的《经济发展概论》中提出:"创新是指把一种新的生产要素和生产条件的'新结合'引入生产体系。它包括 5 种情况:引入一种新产品,引入一种新的生产方法,开辟一个新的市场,获得原材料或半成品的一种新的供应来源,新的组织形式。"

创新是人类对于其实践范畴的扩展性发现、创造的结果,创新在人类历史上首先表现为个人行为,在近代实验科学发展起来后,创新在不同领域就不断成为一种集体性行为。

但个人的独立实践对于前沿科学的发现及创新依然起到引领作用。创新的社会化形成整体的社会生产力的进步。

尼龙丝长袜的诞生

　　1939 年 10 月 24 日，美国杜邦公司在总部所在地公开销售尼龙丝长袜时引起轰动，该丝袜被视为珍奇之物被争相抢购，混乱的局面迫使治安机关出动警察来维持秩序。人们曾用"像蛛丝一样细，像钢丝一样强，像绢丝一样美"的词句来赞誉这种纤维。用这种纤维织成的尼龙丝袜既透明又比丝袜耐穿。尼龙学名聚酰胺，是美国杰出的科学家卡罗瑟斯(Carothers)及其领导下的一个科研小组研制出来的，是世界上出现的第一种合成纤维。尼龙的出现使纺织品的面貌焕然一新，它的合成是合成纤维工业的重大突破，同时也是高分子化学的一个非常重要里程碑。

　　尼龙的合成奠定了合成纤维工业的基础，尼龙的出现使纺织品的面貌焕然一新。到1940 年 5 月，尼龙纤维织品的销售已遍及美国各地。从第二次世界大战爆发直到 1945 年，尼龙工业被转向制造降落伞、飞机轮胎帘子布、军服等军工产品。由于尼龙的特性和广泛的用途，第二次世界大战后尼龙的发展非常迅速，尼龙的各种产品从丝袜、衣着到地毯、渔网等，以难以计数的方式出现。最初 10 年间尼龙产量增加 25 倍，1964 年占合成纤维的一半以上，至今聚酰胺纤维的产量仍保持在 400 万吨/年数量级上。虽说聚酰胺纤维总产量已不如聚酯纤维(涤纶)多，但其仍是三大合成纤维之一。尼龙的发明从没有明确的应用目的的基础研究开始，最终却产生了改变人们生活面貌的尼龙产品，成为企业办基础科学研究非常成功的典型。它使人们认识到与技术相比，科学要走在前头；与生产相比，技术要走在前头。没有科学研究，没有技术成果，新产品的开发是不可能的。此后，企业从事或资助的基础科学研究在世界范围内如雨后春笋般出现，使基础科学研究的成果得以更迅速地转化为生产力。

二、创新的分类

　　根据不同的方法，创新可以分为不同的类型。

(一) 按照创新所属领域分类

　　按照创新所属领域，可将创新分为理论创新、制度创新、科技创新、经济创新和文化创新五个方面。

1. 理论创新

　　理论创新是指人们在社会实践活动中，对出现的新情况、新问题做新的理性分析和理性解答，对认识对象或实践对象的本质、规律和发展变化的趋势做新的揭示和预见，对人类历史经验和现实经验做新的理性升华。

　　简单来说，理论创新就是对原有理论体系或框架的新突破，对原有理论和方法的新修正、新发展，以及对理论禁区和未知领域的新探索。爱因斯坦提出的光量子理论以及相对论理论都属于理论创新。依据理论创新实现的不同方式，可把理论创新分为原发性理论创新、阐释性理论创新、修正性理论创新、发掘性理论创新和方法性理论创新五种。

(1) 原发性理论创新是指新原理、新理论体系或新学派的架构与形成。

(2) 阐释性理论创新是指根据社会实践的需要，清除旁人附加给原有理论的错误解释，对其思想资料和原理进行梳理归纳，恢复理论的本来面目。

(3) 修正性理论创新是指在肯定和继承原有理论的基础上，根据实践的需要，对原有的理论体系和原理做出新的补充和修改，做出新的论证和发挥。

(4) 发掘性理论创新是指前人已经提出的某些理论由于各种原因被遗忘、掩埋、淡化，现在根据时代的需要，把它重新凸现出来，使其重放光芒。

(5) 方法性理论创新是指从社会科学研究方法和学科体系角度，用新的原则、新的模式或新的视野，对社会实践问题做出新的解释，实现社会科学研究方法、思想的更新。例如，信息论、系统论、控制论等都属于方法性理论创新。

2. 制度创新

制度创新是指在人们现有的生产和生活环境条件下，通过创设新的、更能有效激励人们行为的制度与规范体系来实现社会的持续发展和变革的创新。所有创新活动都有赖于制度创新的积淀和持续激励，通过制度创新得以固化，并以制度化的方式持续发挥着自己的作用，这就是制度创新的积极意义所在。

案例

一国两制

一国两制是一个国家两种制度的简称，是中国共产党为解决我国大陆和台湾和平统一的问题，以及针对香港、澳门恢复行使中国主权的问题而提出的基本国策。在中华人民共和国内，内地坚持社会主义制度，同时允许台湾、香港、澳门保留资本主义制度。

一国两制政策以一个中国为原则，并强调中华人民共和国是代表中国的唯一合法政府。中华人民共和国统治的地区之中，中国内地实行中国特色社会主义及民主集中制；香港、澳门皆不实行社会主义，主权移交后保持其原有的资本主义，并可以享有除国防和外交外，其他事务高度自治及参与国际事务的权利，称为"港人治港，高度自治"及"澳人治澳，高度自治"。例如，在对外事务方面，香港可以以"中国香港"(Hong Kong, China)名义参与国际事务与体育盛事，如加入世界贸易组织、亚太经济合作组织等；但香港与澳门两者的基本法有所不同，如澳门在亚太经济合作组织中没有决策权。

一国两制除了在香港和澳门主权移交中国后实施，也是当今中华人民共和国政府在台湾问题上的主要方针，且正在有力地推动台湾问题的解决。中共十三大的政治报告指出：历史将证明，按一国两制实现国家统一的构想和实践是中华民族政治智慧的伟大创造，具有强大的生命力。

"一国两制"也为世界上仍在分裂中的民族和国家实现和平统一，为用和平方式解决国际争端提供了新的思路和经验。

3. 科技创新

科技创新是原创性科学研究和技术创新的总称，是指创造和应用新知识、新技术和新工艺，采用新的生产方式和经营管理模式，开发新产品，提高产品质量，提供新服务的过程。科技创新可以分为三种类型：知识创新、技术创新和现代科技引领的管理创新。

科技创新涉及政府、企业、科研院所、高等院校、国际组织、中介服务机构、社会公众等多个主体，包括人才资金、科技基础、知识产权、制度建设、创新氛围等多个要素，是各创新主体、创新要素交互作用下的一种复杂现象，是一类开放的复杂巨系统。从技术进步与应用创新构成的技术创新双螺旋结构出发，进一步拓宽视野，技术创新的力量来自科学研究与知识创新，来自专家和人民群众的广泛参与。信息技术引领的现代科技的发展以及经济全球化的进程进一步推动了管理创新，这既包括宏观管理层面上的创新——制度创新，也包括微观管理层面上的创新。现代科技引领的管理创新无疑是这个时代创新的主旋律，也是科技创新体系的重要组成部分。知识创新、技术创新、现代科技引领的管理创新之间的协同互动共同演化形成了科技创新。

案例

纺织发展史

人类最初用天然纤维作为原料纺纱织布，早于文字的发明(见世界纺织史、中国纺织史)。中国在春秋战国时已经使用手摇纺车纺纱，到了宋代已经发明了 30 多个锭子的水力大纺车；1769 年英国人 R.阿克赖特制造水力纺纱机；1779 年英国人 S.克朗普顿发明走锭纺纱机；传入美国后，1828 年美国人 J.索普发明环锭纺纱机，因采用连续纺纱使生产率提高数倍；中国战国时期的织机已经运用杠杆原理，以脚踏连杆带动综框完成开口动作。1733 年英国人 J.凯发明飞梭，打击梭子，使其高速飞行，织机生产率得以成倍提高；1785 年英国人 E.卡特赖特发明动力织机，同年英国建成世界上第一个以蒸汽机为动力的棉纺织厂，是纺织工业由工场手工业向大工业生产过渡的一个转折点。人类社会的进步和人口的增加促进了纺织工业的发展，相应地推动了纺织机械的改进。能源改革(以蒸汽动力代替人力、畜力)则奠定了现代纺织机械的基础。19 世纪末人造纤维问世，拓宽了纺织机械的领域，增添了化学纤维机械一个门类。人们对合成纤维需要的增长，推动合成纤维纺丝设备向大型化(纺丝螺杆直径达 200 毫米，单台纺丝机的日产量达到 100 吨)和高速化(纺丝速度达 3000～4000 米/分)方向发展。世界合成纤维工业发展最快的国家，几乎在 5～6 年内设备更新一次，机台数量在 10 年内就增长一倍。近 20 年的纺纱织造设备，为适应化学纤维纯纺或与天然纤维混纺做了很多局部改进，如消除纤维上的静电等；在染整方面发展了高温高压染色设备、热定形设备、树脂整理设备以及松式整理设备等。人类用传统方法纺纱织布已有 6000 多年的历史，根据传统原理设计的纺纱织布机器目前仍是世界纺织工业的主要设备。但是 20 世纪 50 年代以来，人们已经创造出一些新的工艺方法，部分地取代了传统方法，以高得多的效率生产纺织物，如转杯纺纱、无纺织布等。新的工艺方法孕育着新的纺织设备，新的纺织设备的成熟与推广又促使纺织工业进一步向前发展。

4. 经济创新

经济创新是指新产品的开发、新市场的开拓、新生产要素的发现、新生产方式的引进和新企业组织形式的实施。在现代经济条件下，创新就是新的组合，如新技术与新产品的组合、新技术与新生产过程的组合、新技术与新生产原料的组合以及新技术(或新的生产力)与新产业组织的组合等。总之，创新在经济学上的意义就是新的组合，而这个组合的最初起因可能是知识的创新和技术的创新，通过与经济生活中的某一活动相组合，就可能带来一场经济生活领域的革命。

互联网时代，经济创新正在不断改变着人们的生活。2008年以前，国内的杀毒软件大都是收费的。2008年7月，360正式推出360杀毒并宣布永远免费，进一步完善"免费安全"服务。360杀毒打破了杀毒软件付费的模式，使其在不到一年的时间里就打败金山、卡巴斯基等杀毒软件，成为中国杀毒市场上占有率最高的杀毒软件。

5. 文化创新

文化创新就是在继承前人文化遗产精华的基础上，结合新的实践和时代的要求，结合人民群众精神文化生活的需要所进行的文化上的超越和创造。文化在交流的过程中传播，在继承的基础上发展，这些都包含着文化创新的意义。文化发展的实质，就在于文化创新。推动社会实践的发展，促进人的全面发展是文化创新的根本目的，也是检验文化创新的标准所在。

案例

热转印印花

校园文化是和当代大学生息息相关的，随着时代的发展，校园文化也在不断进行着创新。陕西工业职业技术学院化工与纺织服装学院的校园文化创新就是典型的例子。该学院有一个"心印创意团队"，他们抓住热转印行业发展前景，在校园内开展热转印设计和制作，提供个人酷印、纪念衫、纪念杯等生活中各个方面的热转印服务，运用O2O商业模式紧跟移动互联网时代特征，在网上开展家庭纪念相册、毕业相册及个人相册的制作服务，丰富了学生的校园文化生活。

(二) 根据创新大小分类

根据创新大小，可以把创新分为根本型创新、适度型创新和渐进型创新。

1. 根本型创新

根本型创新是指引入一项新技术，从而产生了一个新的市场基础。它包括宏观和微观层面上的不连续性。一个引起世界、产业和市场层面不连续性的创新，必然引起一个企业或顾客层面的不连续性创新。如果一个产业是由一项根本型创新引起的，如万维网，那么这种创新必然会产生新企业和新顾客。

根本型创新并不是为了满足已知的需求，而是创造一种尚未被消费者认知的需求。这种新需求会产生一系列的新产业、新竞争者、新企业、新的分销渠道和新的市场活动。在20世纪90年代，我们很难想象手机除了打电话还能干什么，而如今智能手机已成为我们工作、学习、生活和娱乐等方面不可缺少的工具。

复合材料汽车外壳

Texapore Softshell/EDAG Light Cocoon——新型轻结构汽车高质量外壳 EDAG Light Cocoon 不仅是一款紧凑型动力跑车，而且是未来轻型结构汽车的趋势。它是一个完整的、优化的车辆结构，结合防风纺织品外皮，标志着轻量化构型和汽车美学的新的维度。

该公司的户外纺织品 Texapore Softshell 为 EDAG 的 Light Cocoon 提供了理想的天气保护，轻巧的外壳 Texapore Softshell 覆盖了 EDAG Light Cocoon 框架。Texapore Softshell 防水、防风、透气性高，结合了硬壳与软壳的优点，其三层层压结构可以是编织的，针织防水 PU 膜和平滑的汗布衬里防水接缝使覆盖层完全防水。

案例

新型自动化缝纫技术

美国自 1990 年以来在服装裁剪和缝制操作方面因各种因素导致的损失约 85%，每年约 1000 亿美元的缝制产品。Georgia Tech 和 SoftWear Automation 已经开发了一个专利：结合机器视觉、机器人和计算技术创造全自动缝纫机，用以弥补这一损失。通过 Georgia Tech 和 SoftWear Automation 的共同努力，从根本上重新设计和改造了当今的服装价值链。

全自动化生产线和这些先进的机器人的结合将再次使美国缝制产品制造业拥有成本竞争力。其定位为"快时尚"，为市场提供有利的服务，以小批量、不同设计、快速、有竞争力的价格交付产品，以满足客户的需求。它将最大限度地减少价值链中的库存，并减少零售商的降价和制造商的退款。该技术开发部分由沃尔玛基金会的美国制造创新基金资助，以加强国内制造业。

2. 适度型创新

绝大多数创新属于适度型创新。适度型创新就是根据市场需求对原产品进行适度的改良或再设计，满足消费者的现实需求或潜在需求，提高生活品质。适度型创新很容易识别，其标准是在市场或技术宏观层面上发生中断，并且这个中断是轻微的。它们能够演变成新的产品线(如索尼的随身听)，基于新技术扩张原有的产品线(如佳能的激光打印机)，或是现有技术的新市场(如早期的传真机)。

袜子的起源

人类穿袜子的历史由来已久，据不完全考证，在中国最早可以追溯到黄帝时代，以麻葛裹脚；在西方，大概可以追溯到公元前 5 世纪的罗马时期。资料考证，在中国夏朝就出现了最原始的袜子。《韩非子》一书中有"文王伐崇，至凤黄(凰)墟，袜系解，因自结"的记载，是指周文王系袜子的带子散开了，自己手扎袜带的情节。可见在这个时期袜子已经在我国上层人士中出现，成为一种身份的象征。两周时期，袜子是用熟皮和布帛制作的，富贵人家可穿丝质的袜子。袜高一般一尺余，上端有带，穿时用带束紧上口。其色多白，但祭祀时所着袜，则用红色。袜最精者用绢纱，并绣有花纹。

秦汉时有进门脱鞋袜的习俗。在屋中，多跣足行于席上。不仅平日宴居如此，上殿朝会也是如此。能剑履上殿，则为殊荣，汉时唯肖向、曹操等少数人曾享受此种待遇。另外，从长沙马王堆一号西汉墓中出土的两双绢夹袜均采用整绢裁缝而制成，缝在脚面和后侧，底上无缝。袜面用的绢较细，袜里用的绢较粗。袜筒后开口，开口处附有袜带，袜带是素纱的。袜的号码为 23 厘米和 23.4 厘米，袜筒高 21 厘米和 22.5 厘米，头宽 10 厘米和 8 厘米，口宽 12.7 厘米和 12 厘米。

由此可见，我国缝制袜子的工艺至少已有两千年以上的历史，比欧洲国家要早得多，所以中国是当之无愧的袜子鼻祖。古人衣裳不像现代服装，穿着方便，只需扣上纽扣，便能紧身。在古代，衣裳不缝扣子，而用缝在衣服上的带子打结来紧裹衣襟。不仅上衣有带子，裤子有带子，连袜子和鞋子也都有带子。古代的袜子也不像现在的袜子，由专门的机器编织而成，而是手工用布或绸或绢等织物缝制而成的。袜子有带子，从夏朝开始一直到西汉，始终保持着。

在西方，古代罗马城的妇女在脚上和腿上缠着细带。直至中世纪中叶，在欧洲也开始流行这种"袜子"，不过是用布片代替了细带。

十字军时期，军人用纯丝织物做成比较精美的袜子。那时，袜子是男人们的专利。16世纪时，西班牙人开始把连裤长袜与裤子分开，并开始采用编织的方法来编织袜子。

1589 年，英国神学院一名学生——威廉·李发明了一种手动缝制袜子的机器，比手缝制速度快六倍，这就是缝制机的鼻祖。同时，女士们也开始穿袜子。工业化袜子生产始于1860 年。制袜业一直寻找新的材料代替少而昂贵的真丝，混纺纱的产生令制袜业获得巨大成功。

1928 年，杜邦公司展示了第一双尼龙袜，同时拜尔公司推出丙纶袜。

1937 年，杜邦公司的一位化学师偶然发现煤焦油、空气与水的混合物在高温下融化后能拉出一种坚硬、耐磨、纤细并灵活的细丝，这就是后来广为人知的尼龙纤维。尼龙的诞生引起了极大的轰动，它在袜子生产中的运用更是击溃了日本的真丝出口业。

第一批尼龙丝袜(俗称玻璃丝袜，我国称锦纶丝袜)于 1940 年 5 月 5 日投放市场，深受人们的青睐，风靡一时，短短一天就销售了 7 万多双。欧洲流行较晚，直至 1945 年第一批尼龙丝袜才正式面市。从此，袜子逐渐成为普通日用品而走进了千家万户。

1959 年，杜邦公司继尼龙纤维后，再次向世界贡献了一种具有优良弹性的人造纤维产品——莱卡。

1970 年起，莱卡被正式运用到丝袜和连裤袜的生产中。英格兰发明的机械编织机彻底改变了袜子手工制造的历史。机械编织机的诞生受到了英国皇室的极大重视，任何私自将机械编织机带出英国的人都会被处以极刑，但严酷的惩罚还是没有阻止英国的殖民者将机械编织机偷偷运往美洲新大陆。

20 世纪 60 年代末 70 年代初，迷你裙的诞生掀起了一场服装革命。此时，丝袜再度显现出它的重要地位。同时，迷你裙的出现也催生了另一个重要的发明——连裤袜。原先的长筒丝袜与内裤结合在一起，免除了穿着短裙"走光"的危险。连裤袜一经诞生，就迅速占据了 70%的丝袜市场份额，直到现在，连裤袜也绝对是丝袜市场中的主力军。

20 世纪 80 年代，女性服装呈现出极度的性感、奢华和妩媚，尤其是女性的晚装，低胸、高开衩的运用极其普遍，于是丝袜也成为晚装配饰中不可缺少的一部分。此外，高科技弹性纤维的运用带动了丝袜编织工艺的改进，复杂的提花及精工蕾丝、生动的条纹和鱼网纹，甚至金属线和炫目的假钻，都可以成为丝袜表现时尚的主题；粉红、浅黄、暗绿，多种多样的色彩也使人目不暇接。

女性向来钟爱露趾凉鞋，而穿凉鞋时不穿丝袜是一条不成文的规矩。但同时，众多白领女性们也不得不承认，在严肃的办公环境中穿着丝袜，既是一种礼仪的需要，也可在一定程度上改善腿部外观。于是，无趾丝袜应运而生。它与传统丝袜最大的不同之处，就是这种丝袜顶端的开放设计，使女性的脚趾自然裸露在外。穿着这种无趾丝袜时，袜子不会随意滑动移位或在脚部叠积。丝袜顶端的安全防滑环与环口四周均含莱卡纤维，不仅保证舒适合脚，更令脚趾活动自如。

纵观丝袜演革的历史，20 世纪 70 年代的丝袜为第一代丝袜，一般以尼龙为主要原料制造，缺乏弹性，常有薄纱织物、水晶低弹性织物等；20 世纪 80 年代的丝袜为第二代丝袜，一般为尼龙加上各种弹力丝，以水平方向织造，常采用夹入法和平品并织法加入莱卡及其他弹性丝，外观纤细，但弹性不是很好；20 世纪 90 年代的丝袜为第三代丝袜，一般为尼龙加上优质弹力丝，以水平方向织造，采用包芯纱的方法保护莱卡及弹性丝，弹性更好，更耐穿，手感更柔软。

3. 渐进型创新

渐进型创新是指为当前市场、当前技术提供新特色、收益或升级的产品。"一项渐进型新产品涉及对现有或(和)生产和传输系统的改善和提高。"渐进型创新很重要，因为首先它可以作为技术成熟市场的有利竞争武器；其次，基于当前技术的流线型流程，能够迅速扫除企业进入新的技术高原过程中的威胁，抓住机会。

女衬衫的起源

衬衫泛指衬托在外衣里面穿的单上衣。现代丰富多彩的女衬衫，是在 13 世纪欧洲十字军东征结束后，仿欧式男衬衫逐步发展起来的。欧洲文艺复兴时期出现了高雅、别致的

"长枪"衬衫；19 世纪出现了腰部卡进的适体衬衫；20 世纪两次世界大战后，妇女走上社会，出现了仿男士西服衬衫特征的女衬衫。女衬衫的应用范围越来越广，既可作为生活便装、日常社交装，也可作为正式、半正式礼服的配套装穿用。

中华人民共和国成立前，妇女套在外衣里面穿的衬衣或汗衫多是立领对襟中式衫。大约在 20 世纪 20 年代末期，沿海大城市的女子开始穿西装，西式女衬衫才开始流行，但并不广泛。中华人民共和国成立后，西式女衬衫才逐渐广泛流行。

20 世纪 50 年代，妇女解放，走上社会，此时女性多穿一样款式的一字领或八字领白色长袖衬衫。20 世纪 60 年代，衬衫首先在领式上发生变化，特别在青少年中，小圆领、小方领、铜盆领、长方领、海军领、燕尾领等各种衬衫出现，颜色也开始多样化。20 世纪 70 年代末期，女衬衫更加丰富多彩，衬衫的袖、衬、袋也发生了变化。袖开始有泡泡袖、灯笼袖、荷叶袖、喇叭袖、蝴蝶袖、长袖、H 袖等款式，门襟有暗襟、翻襟、镶衬，袋有明袋、暗袋、嵌线袋。女衬衫色彩绚丽，花色齐全，由过去单一的白细布、府绸，发展到涤棉、绸缎以及绣花衬衫。

20 世纪 80 年代以来，随着改革开放的深入，女衬衫款型结构变化更加丰富，走向时装化、高档化。女衬衫在款式上有西服式、夹克式、镶拼式等，各种花色品种也越来越多。现在的中国女衬衫出现了两种新变化：一是仿效男式衬衫，立翻硬领(也称企领)，有覆肩，特别是职业衬衫、制服衬衫；二是仿西式礼服衬衫，在领边、前胸装饰荷叶飞边、褶裥以及绣花等，更加时装化、"礼服"化，穿着和应用范围越来越广。

三、创意的概念以及创新与创意的区别

(一) 创意的概念

创意是一种通过创新思维意识，进一步挖掘和激活资源组合方式进而提升资源价值的想法。可以说，创意是传统的叛逆，是打破常规的哲学，是超越自我、超越常规的导引，是深度情感与理性的思考与实践，是思维碰撞、智慧对接，是创造性的系统工程，是投资未来、创造未来的过程。简而言之，创意就是具有新颖性和创造性的想法。

```
案例
```

阿迪达斯 —— 用海洋塑料废物制作新概念鞋

在巴黎举行的第二十一届会议(COP21)联合国缔约方大会上，阿迪达斯一款最新的、能够帮助回收海洋塑料污染的概念款鞋受到了人们极大的关注。这款最新的概念款鞋使用了从海洋塑料废物中回收的针织纱线和长丝、聚酯和刺网，是新的 3D 运动鞋，为运动鞋生产提供了新的行业标准。

目前，阿迪达斯已开展与相关企业(如 Parley)的合作，来开发这种可持续应用回收的新型运动鞋。鉴于全球海洋塑料污染现状，阿迪达斯的计划是将鞋类、服装行业联合起来，提供可持续回收使用材料，解决大型全球废弃物问题。在像阿迪达斯这样的公司的努力下，海洋污染可能在未来的某天将不再是一个需要担心的问题。

(二) 创新与创意的区别

创意是创新的特定形态，意识的新发展是人对于自我的创新。发现与创新构成人类对于物质世界的解放，代表两个不同的创造性行为。只有对于发现的否定性再创造才是人类产生及发展的基本点。实践才是创新的根本所在。创新的无限性在于物质世界的无限性。

简而言之，创新是改变旧事物、创造新事物的方法或手段，偏重技术性，如技术创新；而创意则是具有新颖性和创造性的想法，偏重思想性，如广告创意。

案例

Directa Plus / Colmar —— 智能运动服装

Directa Plus 是石墨烯产品较大的生产商和供应商之一，与 Colmar 公司合作，在运动服装上首次应用 Graphene Plus(G +)。G +的关键特性是能过滤外部环境对身体的影响。由于 G +的导热性能，人体产生的热量保存和均匀分布在周围材料中，以确保在寒冷的气候下穿戴者的理想温度。G +还提供静电和抑菌性质，以减少运动带来的摩擦。G +产品是天然的，可持续生产，并可设计制备成具有特定商业应用的产品，如智能纺织品、轮胎，或其他能解决环境问题的产品。

Colmar 和 Directa Plus 的合作，已经生产了滑雪夹克、滑雪服、技术内衣和 polo 衫。

四、开展创新的过程

开展创新是一个复杂的过程，不同的创新内容会有不同的特点，一般要包含如下四个阶段。

(一) 准备期

准备期是问题的提出阶段，创新过程中准备期是一个必不可少的阶段。在准备期，大学生要做好如下三方面的工作。

1. 增强问题意识

很多人都习惯于面对周围的事物熟视无睹。牛顿发现万有引力，缘于一个苹果落到他的头上，而每天有多少人能够看到各种东西落到地面上呢？所以，很多人不能发现问题，是因为他们往往与问题擦肩而过，问题其实就在他们的身边一直徘徊。

2. 增强好奇心

好奇心是我们主动探究未知世界的唯一通道，是让我们保持年轻心态的唯一内在品质，是开启创新世界唯一的一扇大门。只有好奇心才会驱使我们不知疲倦地一遍遍尝试新的东西，留心听取他人的意见、抱怨，从而弥补我们现有经验的不足，并进而采取行动。

3. 注重问题导向性

心理学认为问题就是："如果你想做什么事情，但你不知道如何做，那么你就遇到了一个问题。"问题是多种多样的，从内容到形式都千差万别。所有的问题是，你遇到了一个情景，一个没有直接明显的方法、想法或途径可遵循的情景。

(二) 酝酿期

创新的酝酿期是在创新过程中对所发现的问题进行分析加工的过程。

掌握问题产生的途径，矛盾的撞击是新事物产生前的火花。生成思路的策略由三部分组成，即正向分析、逆向分析和化归分析。

1. 正向分析

正向分析就是"手段—目标"分析法，关键在于寻找初始状态与目标状态之间的差别。在整个过程中，每个初始状态会不断地变化，变成子初始状态，因而会不断出现子差别。通过不断消除子差别，最终实现由初始状态向目标状态的转化。

2. 逆向分析

逆向分析又称反推法，又名"目的—手段"分析法。当明确问题空间从初始状态可以引出很明确的一些途径达到目标状态时，使用正向分析比较合理；当从初始状态引出的许多途径中只有很少能达到目标状态，而具有从目标状态又很容易接近初始状态的途径时，就应该使用逆向分析。

3. 化归分析

化归分析是指在解决较为复杂的问题时，将其转化为其他问题。它既非正推，也非反推，而是通过不断的变形，使问题变得有利于自己解决或符合自己的经历和长处。

(三) 明朗期

创新的明朗期是创新过程中最重要的执行过程，之前对于问题的分析在这个时期要付诸行动。

(四) 验证期

1. 实践验证

发现错误，问题解决之后，必须经过实践的检验和验证。1804 年，英国的特里维希克发明了世界上第一辆沿铁轨前进的蒸汽机车，不过他将车轮和轨道做成了齿轮啮合形，目的是可以安全和有效地刹车。但是，蒸汽机车的低速和巨大的噪声令人难以忍受。年轻的司炉工史蒂芬森认为齿轮没有圆滑的轮子行进得更快、更轻便，于是他就做了改进，结果成功了，不仅速度提高了 5～10 倍，并且消除了噪声。

2. 延伸用途

有些创新产品的延伸用途不可小觑，不干胶就是创新产品延伸用途的代表。一个发明黏胶的公司，有一名职员想尽办法制造了一种新的胶水，但是这种胶水的黏性却非常弱，因此他受到同事们的嘲笑。但是经过仔细思考后，他发现不黏的胶水在生活中也是有许多用途的，并由此发明了不干胶，获得了巨大成功。

人造纤维的诞生

1664 年，英国皇家学会的科学家、显微镜的发明者罗伯特·虎克(Robert Hooke)在自己的《显微绘图》一书中谈起发明创造的灵感时，曾经想过"也许能够找出某种方法，来制造一种黏性的物质，然后把它通过网筛拉伸成很长的丝，这种丝的性能或许会比蚕丝还好"。虎克的天才设想引起了科学界的讨论，可惜的是，由于当时的技术水平太落后，科学家们甚至不能了解纤维的构成，这一美好的设想被耽搁了两百年。

1855 年，一位名为安德曼斯(Audemars)的瑞士化学家在英格兰做了一个实验。他利用硝酸处理了桑叶纤维，使它们生成硝化纤维素，然后将它们溶解入酒精等有机溶剂中，配成黏液。之后，他将针头浸入黏液里，挑出了细长的丝线。不过，安德曼斯的方法并不实用，这样获得的纤维也不能应用于纺织。1884 年，法国人夏尔多内(Hilaire de Chardonnet)辅助他的老师、著名的细菌学家巴斯德研究在法国肆虐的某种蚕病，这种蚕病会令蚕丝的产量锐减。就在研究过程中，夏尔多内思考着，为什么我们必须要依赖这些渺小的蚕呢？难道智慧的人类还不能满足自己的织物需求吗？

夏尔多内首先将硝化纤维素投入酒精和乙醚中溶解，得到一种称为火棉胶的黏液，将其在直径 1 毫米的小孔中加压挤压，并使之在热空气中凝固。酒精和乙醚最终会挥发掉，小孔中挤压出了一种连绵不断的细丝，这就是有史以来第一根真正意义上的人造纤维。

"蚕能够做到的，人也能做到！"夏尔多内非常高兴。他一直认为必须要模仿蚕的生产过程，所以他坚持使用桑叶作为人造纤维的原料。实际上，其他木纤维也是可以的。夏尔多内极其敏锐地认识到人造纤维的商业价值，于是他辞掉了巴斯德那里的研究工作，专心致志地开发起这种新型材料。

很快，在 1889 年，夏尔多内实现了人造纤维(他命名为"夏尔多内纤维")的商业化生产，并于同年在巴黎博览会上展示。这种不凡的、柔软而鲜亮的面料获得了追求时尚的法国贵族们的一片赞叹。

但危机就潜伏在夏尔多内纤维光鲜亮丽的外表下，被喜悦冲昏头脑的人们忘记了硝化纤维素原本是一种火药，它们极其易燃。赶时髦的人们很快穿上了这种划时代的新衣裳，在一次宴会上，悲剧出其不意地发生了——正当人们围着一位穿着人造丝裙子的女士赞扬时，观众抽的烟草的火星落到了裙子上，衣服立即熊熊燃烧了起来，将那位女士无情地吞噬了。当营救人员赶到时，那位女士已经不幸身亡。

如果换了别人，或许会从此一蹶不振，但夏尔多内没有放弃。在努力试验过后，他成功地去除了硝化纤维素中的易燃物质，制造出了安全的人造丝。1891 年，他在法国创立了夏尔多内丝织品公司，从此被誉为"人造纤维工业之父"。不过这个时候的人造丝并没有满足最初设想者"人人都用得起"的愿望，因为它们太贵了，比天然的、最高级的蚕丝都要贵。在夏尔多内之后，涌现了许多的后来者，大家纷纷各显神通，不断用新的创造发明来降低制造成本，不断的市场竞争令人造纤维迅速地朝价廉物美的方向发展。

除了硝化纤维素之外，人造纤维还有许多不同的品种，制备工艺也大有不同。1899 年，德国人奥北布奇(Oberbruch)首先用铜氨法生产铜氨纤维，并设立了公司，实现了工业化。铜氨法主要采用价格较高的铜氨作为溶剂，在成本上无法与传统的硝酸纤维竞争，因此只用于少数高级纺织品和医学人工肾。

20世纪初期还出现了各种人工蛋白质纤维。1904年，药剂师托登汉(Todtenhaupt)发明了一种从牛奶中提炼酪素蛋白质以制备酪素蛋白质纤维的方法，但是该技术直到20世纪30年代才在意大利发展成熟。1938—1948年，英国、美国、日本相继利用牛奶、花生、大豆、玉米等常见农作物合成了蛋白质纤维。这些蛋白质纤维又被称为人造毛，它们和羊毛特别像，并且拥有比天然羊毛更加优越的性能：它们不易皱缩，不易虫蛀，便于保存，唯独保暖性较之欠缺一些。不过，它们最终没有被推广成功——成本还是太高了。如果大家仔细研究现代发明史就会发现，经济效益是最灵验的试金石，它大刀阔斧地浪里淘沙，虽然非常残酷，但也彰显着人类科技的飞速进步。

现在，人造纤维已经能够完美模拟棉、麻、丝、毛的手感，它们更容易上色，而且效果更加鲜艳；它们不仅柔软、顺滑、凉爽，还能隔热，所以在酷热且湿润的环境里，它们通常是制衣首选的面料。以后人类会不会创造出更加优良的材料呢？让我们拭目以待。

 【拓展训练】

1. 结合所学知识，谈谈山寨文化对创新有什么影响。

2. 想想拉链、牙膏、铅笔、领带等日常用品还具有什么用途，整理并记录下来，看看谁的"创新"最多。

3. 根据现在的季节，拍摄一组你认为能体现当前季节的、有创意的、有特色的校园照片，然后与同学们交流、分享。

4. 试发现你日常生活中的某种不便之处，并设想多种改进方法，分析其实现的可能性。

5. 100万仅仅是一个数字，但是如何能用具体而又形象的方式表示出来呢？

任务二 激发创新意识

知识目标

1. 掌握创新意识的概念
2. 了解激发创新意识的方法

能力目标

1. 能够转变思想，激发创新意识
2. 能够培养创新意识
3. 能够结合所学知识，进行简单的创新活动

一、创新意识的概念

创新意识是人们对创新的价值性、重要性的一种认识水平和认识程度，以及由此形成的对待创新的态度，有主动性和被动性两大类。创新意识是一定社会主体产生稳定持久的创新需求的推动力量，是唤醒、激励和发挥人们所蕴含的潜在本质力量的重要精神力量。

创新意识包括创造动机、创造兴趣、创造情感和创造意志。创造动机是创造活动的动力因素，它能推动和激励人们发动和维持创造性活动；创造兴趣是促使人们积极探求新奇事物的一种心理倾向，能促进创造活动的成功；创造情感是引起、推进乃至完成创造的心理因素，只有具有正确的创造情感才能使创造成功；创造意志是在创造中克服困难，冲破阻碍的心理因素，创造意志具有目的性、顽强性和自制性。

创新意识与创造性思维不同。创新意识是引起创造性思维的前提和条件，创造性思维是创新意识的必然结果，二者之间具有密不可分的联系。

案例

伽利略发现摆的规律

伽利略 1564 年出生于意大利的比萨城，就在著名的比萨斜塔旁边。他的父亲是一个破产贵族。当伽利略来到人世时，他的家庭已经很穷了。17 岁那一年，伽利略考进比萨大学。在大学里，伽利略不仅努力学习，而且喜欢向老师提出问题。哪怕是人们司空见惯、习以为常的一些现象，他也要打破砂锅问到底，弄个一清二楚。

有一次，他站在比萨的天主教堂里，眼睛盯着天花板，一动也不动，他在干什么呢？原来，他用右手按左手的脉搏，看着天花板上来回摇摆的灯。他发现，灯的摆动虽然越来越弱，以至每一次摆动的距离渐渐缩短，但是每一次摇摆需要的时间却是一样的。于是，伽利略做了一个适当长度的摆锤，测量了脉搏的速度和均匀度，就这样，他找到了摆的规律。钟就是根据他发现的这个规律制造出来的。

二、激发创新意识的方法

下面通过两个案例来了解如何激发创新意识。

（一）枣夹核桃，天生一对

红枣是一种营养佳品，被誉为"百果之王"。它不仅是人们喜爱的果品，也是一味滋补脾胃、养血安神、治病强身的良药。其特点是维生素含量非常高，有"天然维生素丸"的美誉。

核桃中含有丰富的钙、磷、铁等多种微量元素、矿物质以及胡萝卜素、核黄素等多种维生素，有益人体，可强健大脑，是深受人们喜爱的坚果类食品。若红枣与核桃相遇，那么会擦出什么样的火花呢？

一般的思维惯性认为是单独食用，红枣可以洗干净直接吃，也可以把它们切成片泡水喝，还可以用它们包粽子、煲汤、煲粥，做成蜜枣、酒枣等。核桃仁被取出后可以直接吃，也可以煮食、炒食、蜜炙、油炸、制酱等。在包装上认为两种食材都可以采用散称或独立封装两种方式。

突破常规的思维是枣与核桃，不同的食材，同样的开袋即食，能否碰出美味的火花，带来另一番感受呢？于是，枣与核桃走到了一起——"枣夹核桃"。每一颗枣夹核桃都采用独立包装，既方便携带，又保证整洁。红枣的香甜与核桃的香酥有机融合，给我们带来了意想不到的美味。

本案例通过将枣与核桃两个互不相干的食物有机融合，求新、求异，满足了人们对食品形态及口感的更高追求。商家在满足广大消费者味觉的同时，还通过暖心的创意广告"枣想核你在一起"，巧妙地提升了人们对产品的印象。由此可知，创新意识具有以下特征：

(1) 新颖性。创新意识或是为了满足新的社会需求，或是用新的方式更好地满足原来的社会需求，创新意识是求新意识。

(2) 综合性。创新意识是以提高物质生活和精神生活需要为出发点的。人们的创新意识激起的创造活动和产生的创造成果为人类进步和社会发展服务，所以创新意识必须考虑社会效果。

(3) 差异性。各人的创新意识和他们的社会地位、环境氛围、文化素养、兴趣爱好、情感志趣等方面都有一定的联系，这些要素对创新意识的产生起到重大的影响作用。这些要素也是因人而异的，因而对于创新意识既要考察其社会背景，又要考察其文化素养和志趣动机。

(二) 预防上火的饮料——红罐王老吉

王老吉凉茶创建于 1828 年，距今已有 180 多年的历史。1995 年，加多宝集团取得了罐装王老吉的商标承租权，开始运营罐装王老吉凉茶。

运营之初，产品的销售情况并不乐观，年销售额为 1～2 亿元。2002 年，加多宝集团重新对王老吉凉茶进行了产品定位，并围绕新的定位进行了一系列营销活动，从而引发了红罐王老吉销售量的爆发式增长。2007 年，在国内市场，红罐王老吉的销售量超过罐装可口可乐，2011 年销售额更是达到了 1600 亿元，成为"中华第一罐"。那么，加多宝集团对红罐王老吉是如何开展创新意识定位的呢？

1. 定式思维

起初，加多宝集团把王老吉定位为"清热解暑"的药饮，广告语是"健康家庭，永远相伴"。在这样的定位下，王老吉凉茶的销量一直在 1～2 亿元。虽然经过多次全国性推广，但是在两广地区以外，王老吉一直默默无名，难有突破。面对这种情况，加多宝集团苦恼不已。它们一方面请来咨询团队对产品定位进行诊断，另一方面对销售市场进行调研分析，最终确定了导致市场无法打开的根源：产品定位不准确，品牌形象模糊，难以在消费者心中建立差异化的认知。

2. 探究问题

(1) 诉求模糊。"清热解暑"的诉求十分模糊，也不具备差异化的特性。汽水口感清凉，更具解暑效用；茶水传统大众，同样是消费者清热解暑的选择。王老吉在汽水作为解暑主流产品已经占据消费者心智的情况下，仍如此定位，必然使其难以在消费者心中占据一席之地。

(2) 缺乏认知度。"凉茶"的概念在当时缺乏广泛的认知度。凉茶源自广东地区，其他地区的消费者对其知之甚少。加多宝集团把王老吉作为一种药饮进行推广更引发了消费者"是药三分毒"的忧虑。

(3) 重新定位思考。加多宝集团认为品牌定位要占据消费者心智的"痛点"，要把普遍的市场需求与差异化的竞争因素结合起来，即要弄清楚顾客需要什么、市场缺少什么的问题。

3. 创新思维

发现问题后，加多宝集团组织专门的团队深入一线进行调查，发现很大一部分消费者是在熬夜、吃多油食品、旅行奔波等情况下购买王老吉的，他们把王老吉作为预防上火的饮料来用。饮料市场的主流品类是汽水，但是汽水只带来了暂时的清凉，无法解决体内上火的问题，预防上火的饮料形成了与汽水对立的品类。在深刻剖析问题的基础上，团队成员的创新意识充分伸展，最终将王老吉凉茶的新定位确定为预防上火的饮料，并达到三重功效。

不同于局限在广东地区的"凉茶"概念，"上火"作为一个传统的中医概念为全球华人所熟知，不需要消费者重新认知。不同于"清热解暑药饮"的模糊定位，"预防上火的饮料"简单明确，击中了消费者"预防上火"的心智"痛点"，同时消除了消费者"是药三分毒"的忧虑，迎合消费者"预防上火"的差异化需求，可以轻松地在消费者心中占据一席之地。

王老吉凉茶的重新定位不是出自天才的构想，而是基于市场实践的结果。在重新定位的过程中，加多宝集团反复思考顾客最基本的需求是什么，如何让品牌的诉求回应顾客的需求，如何让品牌的形象在顾客心中占据一个独特、有价值的位置。解决这些问题的过程，就是把品牌创建于顾客心智之中的过程。

4. 天生我才

当定位意识的触角找准落脚点后，基于品牌定位的战略聚焦战役就打响了。

(1) 聚焦目标消费群体。在构建品牌定位的过程中，加多宝集团首先考虑的问题是：基于品牌定位，王老吉的顾客是谁？

(2) 专注单一渠道。基于"预防上火"的定位，为了把营销力度集中到目标人群上，加多宝集团在产品推广的初期专注于餐饮渠道的推广，决心把餐饮渠道做透。

(3) 专注单一广告。一旦明确定位，一定要大声地喊出来，迅速抢占消费者的心智。为此，加多宝集团投入巨额资金进行广告宣传，但是这些广告却一直只有一句核心广告语——"怕上火喝王老吉"，广告的主角永远都是一个310毫升的红罐子。

(4) 专注单一产品。加多宝集团认为，产品的明确性是增强品牌力量的重要因素，多样化容易分散消费者的认知，削弱王老吉的品牌影响力。

5. 案例启示

(1) 探究问题，探求变化。加多宝集团从市场实践出发，找准问题，透彻分析，寻求新定位，打开了王老吉的创新空间，打造了具有鲜明个性的特色产品。

(2) 差异化的认知，使品牌成为某一品类或某种特性的代表。借鉴定位理论，加多宝集团认为，在消费者心中只储存品类和代表性的品牌，加多宝要做的就是让消费者认知凉茶的品类，让王老吉凉茶成为这个品类的代表性品牌。

 【拓展训练】

请就下列创新问题鲍谈谈你的创新设想。

1. 充电宝越来越成为人们生活中的必备品。请大家发挥自己的创新意识鲍在已有充电宝的基础上做出功能更完美的充电宝。

2. 用于泡茶的杯子有一个缺点就是过滤网孔太密鲍水不容易倒出来。请大家查资料讨论是什么原因导致出现了上述现象鲍并给出你的创新设计。

3. 目前学校提倡"无手机课堂"鲍手机袋便应运而生。但是市场上的手机袋问题多鲍形象不佳。请设计一款你理想中的手机袋。

4. 请从身边的衣、食、住、行发现你不满意的"地方"鲍并尝试设计更佳的作品或方案来改变它。

任务三　养成创新思维

知识目标

1. 掌握思维、创新思维的概念
2. 掌握创新思维的特征
3. 掌握创新思维障碍的概念及其类型

能力目标

1. 能够结合自身特点克服创新思维障碍
2. 能够具备多角度创新思维能力
3. 能够进行创新思维实践活动

一、思维及创新思维

(一) 思维

思维是精神世界中最瑰丽的花朵。研究表明，左右一个人成功的最关键因素不是智商，而是思维模式，思维和观念才是控制成功的核心密码。为了告诫世人，著名哲学家康德生前给自己写下这样一句碑文："重要的不是给予思想，而是给予思维。"

思维是什么？人们在工作、学习、生活中每逢遇到问题，总要"想一想"，这种"想"，就是思维。它是通过分析、综合、概括、抽象、比较、具体化和系统化等系列过程，对感性材料进行加工并转化为理性认识和解决具体问题的过程。我们常说的概念、判断和推理都是思维的基本形式。无论是学生的学习活动，还是人类的一切发明创造活动，都离不开思维，思维能力是学习能力的核心。

以日常生活中的井盖为例，井盖为什么是圆的？

"井盖是圆的，这样才美观。"——这人是美学大师，或者是非常注重美观的人。

"圆的井盖利于搬运(可以滚动搬运)。"——这人爱劳动，可能是一个实践好手。

"圆的受力最均匀，所以最坚固，圆形省成本。"——这人力学学得好，是学物理的。

"圆的井盖在装卸的时候不至于失手掉下去。"——找到了最有说服力的答案。

(二) 创新思维

创新思维是指对事物间的联系进行前所未有的思考，从而创造出新事物、新方法的思维方式。美国心理学家科勒斯涅克认为，创新思维就是发明或发现一种新方式，用以处理某些事情或表达某种事物的思维过程。

案例

旱冰鞋的产生

英国有一个叫吉姆的小职员，他整天坐在办公室里抄写东西，常常累得腰酸背痛。他消除疲劳的最好办法，就是在工作之余去滑冰。冬季很容易就能在室外找到滑冰的地方，而在其他季节，吉姆就没有机会滑冰了。怎样才能在其他季节也能像冬季那样滑冰呢？对滑冰情有独钟的吉姆一直在思考这个问题。想来想去，他想到了脚上穿的鞋和能滑行的轮子。吉姆在脑海里把这两样东西的形象组合在一起，想象出了一种"能滑行的鞋"。经过反复设计和试验，他终于制成了四季都能用的"旱冰鞋"。

组合想象思考法就是指从头脑中某些客观存在的事物形象中，分别抽出它们的一些组成部分或因素，根据需要做一定改变后，再将这些抽取出的部分或因素，形成具有自己的结构、性质、功能与特征的能独立存在的特定事物形象。

(三) 创新思维的特征

1. 对传统的突破性

创造性思维的结果体现为创新，追求创新是创造性思维的本质。而要创造出新成果，往往需要创造者在思维的某些方面有所突破，可以说突破性是创造性思维的一个最明显的特征。

创新思维的突破性体现为创造者突破原有的思维框架。这是指在思考有待创造的问题时，要有意识地抛开头脑中以往思考类似问题所形成的思维程序和模式，排除它们对探寻新设想的束缚，就可能取得意想不到的创造性的成功。

案例

地球引力

物理学家、经典力学的奠基者牛顿，曾研究过月球为什么不会掉到地球上来的问题。他认为，是因为月球以一定的速度围绕地球运动，是地球的引力使月球一直围绕着地球旋转。基于这种看法，牛顿在头脑中想象：从高山上用不同的水平速度抛出物体，速度越大，其落地点距离山脚就越远；当速度提高到足够大时，物体就不会再落到地球上，就会环绕地球运转，成为地球的人造卫星。牛顿的这一想象，在他所处的那个时代是不可能在现实世界中实现的。牛顿关于地球引力想象在与相应的客观事物的关系上，具有将其简单化、单纯化、理想化的特点。他在头脑中进行的这一想象过程运用了形象思维中思维想象的纯化想象创新思维方法。当人们需要把所思考的问题暂时简单化、单纯化和理想化，以便更准确、更清晰、更快捷地弄清问题时，往往就需要通过纯化想象，抛开那些对认识和解决所面临问题无关或关系不大的因素或部分，只突出那些必须着重考察的因素或部分。

牛顿探究天体间的引力规律，就把天体的形状和大小都暂时抛开了，只把天体当作没有形状和大小的几何点来看待。天体间的引力只同天体的质量与相互间的距离相关；天体的形状和大小同天体之间的距离比较起来，其影响则微乎其微(地球的直径是1万3千千米，地球和太阳之间的距离是1亿5千万千米)。所以，天体的形状和大小可以忽略不计，它不致影响人们用被纯化和被理想化的头脑中的想象物去代替客观世界中的原型，也不致削弱这种想象物所提供的关于原型的信息。

2. 思路上的新颖性

"我们不应该想我能做什么，而应该想我要做什么，因为你能做的全世界的人都能做，而你想要做的可能全世界只有你一人能做。"创新思维的新颖性是指与其他人看同样的东西却能想出不同的事物，经常能够提出不同寻常且又可以被人们接受、认可的观点。它以打破陈规、与众不同、独辟蹊径、别开生面为特点。思维的新颖性是流畅性和变通性的归宿，是创新思维的最高层次。

3. 程序上的非逻辑性

程序上的非逻辑性是指创造性思维往往是在超出逻辑思维、出人意料的违反常规的情形下出现，它不严密或暂时说不出什么道理。因此，创造性思维的产生常常具有跳跃性，省略了逻辑推理的中间环节。需要指出的是，创新思维的过程往往既包含逻辑思维，又包含非逻辑思维，是两者相结合的过程。在创新思维活动中，新观念的提出、问题的突破，往往表现为从"逻辑的中断"到"思想的飞跃"。这通常都伴随着直觉、顿悟和灵感，从而使创新思维具有超常的预感力和洞察力。

案例

谁刻的老鼠最像

某国有两个非常杰出的木匠，技艺难分高下。国王突发奇想，要他们三天内雕刻出一只老鼠，谁的更逼真，就重奖谁，并宣布他是技术最好的木匠。

三天后，两个木匠都上交了老鼠雕像，国王请大臣们帮助一起评判。

第一位木匠刻的老鼠栩栩如生，连老鼠的胡须都会动；第二位木匠刻的老鼠只有老鼠的神态，粗糙得很，远没有第一位木匠雕刻得精细。大家一致认为第一位木匠的作品获胜。

但第二位木匠表示异议，他说："猫对老鼠最有感觉，要决定我们雕刻的是否像老鼠，应该由猫来决定。"国王想想也有道理，就叫人带几只猫上来。没想到的是，猫见了雕刻的老鼠，不约而同地向那只看起来并不像老鼠的"老鼠"扑过去，又是啃，又是咬，对旁边的那只栩栩如生的"老鼠"却视而不见。

事实胜于雄辩，国王只好宣布第二位木匠获胜。但国王很纳闷，就问第二位木匠："你是如何让猫以为你刻的是真老鼠的呢？"

"其实很简单，我只不过是用混有鱼骨头的材料雕刻老鼠罢了，猫在乎的不是像与不像老鼠，而是有没有腥味。"

4. 视角上的灵活性

创新思维表现为视角能随着条件的变化而转变，能摆脱思维定势的消极影响。它反对一成不变的教条，根据不同的对象和条件，具体情况具体对待，灵活地应用各种思维方式。

案例

余额宝的突破性创新

2013 年余额宝的横空出世，被普遍认为开创了中国互联网理财的元年，同时余额宝已经成为普惠金融最典型的代表。上线一年后，它不仅让数以千万计从来没有接触过理财的人萌发了理财意识，同时也激活了金融行业的技术与创新，推动了市场利率化的进程。

余额宝是由第三方支付平台支付宝打造的一项余额增值服务。通过余额宝，用户不仅能够得到较高的收益，还能随时消费支付和转出。用户在支付宝网站内就可以直接购买基金等理财产品，获得相对较高的收益；同时余额宝内的资金还能随时用于网上购物、支付宝转账等支付功能。转入余额宝的资金在第一个工作日由基金公司进行份额确认，对已确认的份额会开始计算收益。

虽说很多电子银行都内置了基金和储蓄的互转功能，但是将用于电子支付的货币池和理财的货币池合二为一，是支付宝平台在 2013 年的一个大胆实践。天弘基金与支付宝的合作开创了一个新模式。对于支付宝的客户而言，货币基金可以提供较低的风险和较好的流动性，又不影响其随时可能调用的支付功能。天弘基金和支付宝合作的货币基金，可以像支付宝余额一样随时用于消费、转账等支出。两者的结合，既可提高支付宝客户资金余额的收益率，也可以为基金公司带来新的业务增长点。在推出这个项目后，由于拓展了大众理财的渠道，在余额宝强大的资金聚集效应的影响下，各大银行纷纷推出类似余额宝产品以应对挑战。例如，民生银行推出"如意宝"、中信银行联同信诚基金推出"薪金煲"等，它们多为银行与基金公司合作的货币基金。从行业内外不断出现类似的跟进者可以看出，这是数年来最重要的一次互联网思维与政策内突围相结合的具有想象力和可操作性的创新。

5. 内容上的综合性

创新活动是在前人基础上进行的，必须综合利用他人的思维成果。综合性思维是把对事物各个侧面、部分和属性的认识统一为一个整体，从而把握事物的本质和规律的一种思维方法。综合性思维不是把事物各个部分、侧面和属性的认识随意地、主观地拼凑在一起，也不是机械地相加，而是按它们内在的、必然的、本质的联系把整个事物在思维中再现出来的思维方法。

二、创新思维障碍

人的大脑思维有一个特点，就是一旦沿着一定方向、按照一定次序思考，久而久之，就会形成一种惯性。遇到类似的问题或表面看起来相同的问题，就不由自主地还是沿着上次思考的方向或次序去解决，我们称之为思维惯性。多次以这种惯性思维来对待客观事物，就形成了非常固定的思维模式，称为思维定势。思维惯性和思维定势合起来，就称为创新思维障碍。创新思维障碍包括如下几种类型。

(一) 习惯型思维障碍

习惯型思维就是在特定的环境里，在相对固定的模式中，经过长期的、重复的、特定的、强化性的训练所形成的思维习惯。这将使人们在解决问题的过程中沿着已有的经验进行，各种观念在大脑中形成固定的思维锁链，从而极大地阻碍创新思维的产生与发展。习惯型思维障碍是人们不由自主地经常犯的一种错误。

例如，有这样一个著名实验：把六只蜜蜂和多只苍蝇装进一个玻璃瓶中，然后将瓶子平放，让瓶底朝着窗户。结果发生了什么情况？你会看到，蜜蜂不停地想在瓶底上找到出口，一直到它们力竭倒毙或饿死；而苍蝇则会在不到两分钟之内，穿过另一端的瓶口逃出。

由于蜜蜂对光亮的喜爱，它们以为"囚室"的出口必然在光线最明亮的地方，它们不停地重复着这种合乎逻辑的行动。然而，正是由于它们的智力和经验，蜜蜂灭亡了。而那些"愚猛"的苍蝇则对事物的逻辑毫不留意，全然不顾亮光的吸引，四下乱飞，结果误打误撞碰上了好"运气"，这些"头脑简单者"在智者消亡的地方反而能顺利得救，获得了新生。

(二) 直线型思维障碍

直线型思维是一种单维定向的，视野局限、思路狭窄、缺乏辩证性的思维方式，一般特指死记硬背现成答案，生搬硬套现有理论，不善于从侧面、反面或迂回地去思考问题。直线型思维看起来是更有效率地解决问题的办法，因此很多人在面对问题时首先考虑的就是如何直截了当地一击即中，结果却常常事与愿违。

案例

内 有 毒 蛇

有一位著名的女高音歌唱家名为玛·迪梅普莱，她有一个在当地可以算是最出色的私人园林。每到周末都会有不少人来这里摘鲜花、拾蘑菇、捉蜗牛；有的甚至还会搭起帐篷，燃起篝火，在草地上野营野餐，常常弄得园林一片狼藉，肮脏不堪。负责管理园林的管家根据迪梅普莱的指示，让人在园林的四周围装上篱笆，竖起"私人园林，禁止入内"的木牌，并派人在园林的大门看守，但都无济于事，许多人依然通过各种隐蔽的方式进入园内。

这个例子表现出的是最典型的直线型思维习惯方式，但是结果并没有达到预期的目的，反而更刺激了人们想进去一探究竟的心理。那么最后的解决办法是什么呢？

迪梅普莱叫人做了一些大大的木牌子立在各个路口，上面醒目地写明："请注意！如果在林中被毒蛇咬伤，最近的医院离此15千米，驾车半小时可到。"此后，闯入她园林的人便寥寥无几了。

(三) 权威型思维障碍

有人群的地方总会有权威，权威型思维障碍是指人们对权威人士言行的一种不自觉的认同和盲从。权威定势的形成主要有两种途径：一是儿童在走向成年的过程中所接受的"教育权威"；二是由于社会分工的不同和专业技能的差异导致的"专业权威"。

英国皇家学会会徽上镶嵌着一句耐人寻味的话："不要迷信权威，人云亦云。"亚里士多德很尊重老师柏拉图，但决不盲从，他说："吾爱吾师，吾更爱真理。"

(四) 从众型思维障碍

从众型思维是指在认识判断、解决问题时，附和多数，人云亦云，缺乏独立思考，无主见，无创新意识的一种不良思维定势。在实际生活中，个体在群体的压力或影响下，大多数人可能因从众心理而陷入盲目性，从而改变个人意见并与多数人取得一致认识。明明稍加独立思考就能正确决策的事，最后却从众走弯路，将思维定势变成思维枷锁。

例如，"羊群效应"是指人们经常受到多数人影响而从大众的思想或行为，也被称为"从众效应"。羊群是一种很散乱的组织，平时在一起也是盲目地左冲右撞，一旦有一只头羊动起来，其他的羊也会不假思索地一哄而上，全然不顾前面可能有狼或者不远处有更好的草。

(五) 书本型思维障碍

书本型思维障碍是指由于对书本知识的过分相信而不能突破和创新的思维模式。很多人认为，一个人的书本知识多了，如上了大学，读了硕士、博士，就必然有很强的创新能力。还有的人认为，书本上写了的就都是正确的，遇到难题先查书，如果自己发现的情况与书本上不一样那就是自己错了。在这种认识的指导下，书上没有说的不敢做，书上说不能做的更不敢做；对于读书比自己多的人说的话 100%全信，一点也不敢怀疑。这种对于书本的迷信阻碍了人们去纠正前人的失误以及对新领域的探索。

诺贝尔物理学奖获得者、美国物理学家温伯格说过一段很值得我们深思的话："不要安于书本上给你的答案，要去尝试下一步，尝试发现有什么与书本上不同的东西。这种素质可能比智力更重要，往往成为最好的学生和次好的学生的分水岭。"

(六)　经验型思维障碍

经验型思维障碍是指在现实生活中，当长期处于某个环境，多次重复某活动或反复思考同类问题时，人们根据以往的知识和经验积累，逐渐形成一种判断事物的思维方式和固定倾向。所以，过去的经验既是我们的财富，在某种程度上又是我们的包袱。

一头毛驴背盐渡河，在河边滑了一跤，跌进水里，盐溶化了。毛驴站起来时感到身体轻松了许多，它非常高兴，获得了经验。后来有一回，毛驴背了棉花，以为再次跌倒，可以同上次一样变得轻松，于是过河时便故意跌倒。可是棉花吸了水，毛驴非但不能再站起来，而且一直向下沉，直到淹死。

 【拓展训练】

1. 你的面前摆着四种物品鰊一本平装书、一瓶百事可乐、一根纯金项链、一台彩色电视机。请从上述四种物品中找出两两物品之间的共同之处和不同之处。

2. 在某一山区鈍一位牧羊人发现一个奇怪的山洞鈍便带一猎狗走进去鈍没走多远狗就瘫倒在地鈍四肢抽搐后死掉鈍但牧羊人自己却安然无恙。人们把这个洞称为"怪洞"。"怪洞之谜"引起了科学家的兴趣鈍他会用什么样的方法破解呢魁

3. 一个聋哑人到五金商店买钉子鈍先用左手捏着两只手指做持钉状鈍然后右手做捶打状鈍售货员以为他要买锤子鈍便递过一把锤子鈍聋哑人摇摇头鈍指了指自己"持钉状"的两只手指(意思是想买钉子)鈍售货员终于醒悟过来鈍递上钉子鈍聋哑人高高兴兴地买到了自己想买的东西。这时鈍又来了一位盲人顾客鈍他想买剪刀。大家能否想象一下鈍盲人如何用最简单的方法买到剪刀呢魁

任务四　服装设计的创新思维

知识目标

1. 掌握服装创新思维的含义
2. 掌握服装设计的思维形式
3. 掌握逻辑思维与形象思维、发散思维与聚合思维的含义

能力目标

1. 能够结合服装专业进行服装设计创新活动
2. 能够运用逻辑思维、形象思维、发散思维、聚合思维进行服装设计的创新实践活动

一、服装设计是一种创新思维过程

人类思维是一种具有实践性、艺术性的精神活动。艺术思维则是以人的思维艺术地看待世界整体的思维方式,具有艺术哲学命题和美学命题的特征;同时,艺术思维也是人类进行艺术生产的思维方式,具有创造性和功效性特征。艺术家们就是突破了普遍人的思维定势,用创造性的思维来进行设计。

服装设计的构思需要经过寻找灵感、联想构思、信息采集、野化分析、归纳理念、类推组合、演绎练习、纸上设计的过程,再经过廓形、色彩、结构,将其用绘画形态表现出来,在纸上拓展,最后挑选面辅材料,考虑色、纹样、图案的搭配,制成成品。

二、服装设计的思维形式

服装是艺术与技术相结合的产物。服装设计是一个复杂的思维过程。它以感知、记忆、思考、联想、分析、归纳、演绎等为基础,是以综合性、探索性和创新性为特征的高级心理活动。

由于服装设计学科的综合性和边缘性,服装设计的创意性思维并不是一种单一性的思维,而是各种思维形式交叉和协同产生的综合性思维过程。其思维形式主要包括以下几个方面。

(一) 逻辑思维与形象思维

在习惯上,人们通常孤立地看待逻辑思维和形象思维,认为前者过于理性,是哲学家的思考方式;而后者比较感性,是艺术家真正的思考方式。从事设计艺术实践创造的人,常常容易陷入纯感性的经验思考中去,并且始终因坚持这种不科学的思维方式而沾沾自喜。事实上,过去大量的发明创造在最初灵感顿悟中,常常是通过类比、归纳或演绎等方法而迸发的。德国著名数学家、逻辑学家莱布尼兹曾说过:"智力曾经发现的一切东西,都是通过逻辑规则这些老朋友而被发现的。"

1. 逻辑思维

通过类比、归纳或演绎推理等方法去概括认识事物以及揭示事物之间的本质联系和内在规律,这就是逻辑思维。

在服装设计中,逻辑思维的运用是不可缺少的。因为在实施设计之前,设计的内容必定会受到某种需要、目的或精神趋向的限制或驱使,如会有主题、季节、性别、年龄或者服装类型的限定,还要考虑成本、市场等方面的情况。这就需要运用一定的逻辑思维对各类相关因素进行充分的理性分析和讨论,以这些限定内容为基础,通过多样性的推论形式最终获得"必然结果",力求在造物过程和造物产品中体现出这种需要、目的或精神趋向。

影响服装设计逻辑思维的因素有人、社会、环境、制造、营销、市场等。例如，人的因素，因服装设计的唯一造型对象是人，如由人体产生的结构、比例、量感等方面的设计都需要进行逻辑思维活动；又如工业制板、服标号型的研究，以及人体工学的研究都需要进行逻辑思维活动。在设计构思中常用的调研法就是运用了逻辑思维。

2. 形象思维

形象思维是指依靠客观事物具体形象为主要内容的思维方式。形象思维反映在设计师的创造力、想象力上。形象思维具有以下基本特点。

(1) 形象性。形象性是形象思维最基本的特点。形象思维所反映的对象是事物的形象，思维形式是意象直觉、想象等形象性的观念，其表达的工具和手段是能为感官所感知的图形、图像、图式和形象性的符号。形象思维的形象性使其具有生动性、直观性和整体性。

(2) 非逻辑性。形象思维不像逻辑思维那样，对信息的加工一步一步、首尾相接、线性地进行，而是呈跳跃性，可以调用许多形象性材料，一下子合在一起形成新的形象，或由一个形象跳跃到另一个形象。它对信息的加工过程不是系列加工，而是平行加工，是平面的或立体的。它可以使思维主体迅速地从整体上把握住问题的关键。

(3) 粗略性。形象思维对问题的反映是粗线条的反映，对问题的把握是大体上的把握，对问题的分析是定性的。所以，形象思维通常用于问题的定性分析，抽象思维可以给出精确的数量关系。在实际的思维活动中，往往需要将抽象思维与形象思维巧妙结合，协同使用。

逻辑思维与形象思维一样，都是服装设计在计划与实施阶段的重要思维方式，两者有着各自的特点、各自的用处。在服装艺术设计中把它们有机地结合在一起，会给设计师提供一种处理理性与感性之间关系的较为正确的科学方法。

(二) 发散思维与聚合思维

发散思维和聚合思维是两种基本的创造性思维类型。

1. 发散思维

发散思维就是从已知的或者限定的某些因素出发，进行多角度、多方面的思考，探索多种解决方案或新途径的思维方式。由于这种思维方式具有由点及面的散射特点，因此又可称为辐射思维、求异思维。

一般来说，我们常常习惯沿用已有的经验和模式去分析和思考问题，这种方式就是心理学上所称的思维定势。思维定势的优点是能把人的认知活动简化，能较快进入思维状态。但是这种方式带有一定的局限性，容易使人的认知固定化，而不能突破框架去变化创新。如果能运用发散思维，有意识地变化视角，扩大视线范围，就可以摆脱思维定势的束缚，很容易获得独特的设计灵感和设计形式。因此，发散思维是一种开放性的，没有固定的模式、方向和范围，可以"标新立异""海阔天空""异想天开"的思维方式。没有发散思维，就不能打破传统的框架，也就不能提出全新的解决问题的方案。发散思维具有以下三个特征。

(1) 流畅性。流畅性是发散思维的第一层次，指的是思维活动阻滞较少，在短时间内能够表达较多的概念，列举较多的解决问题的方案，探索较多的可能性，反应迅速。

（2）变通性。变通性是较高层次的发散特征，即从不同的角度灵活考虑问题，思考问题能举一反三，触类旁通，不受思维定势的束缚，能提出不同风格的新观念。

（3）独特性。独特性是发散思维的最高层次，也是求异的本质所在。其表现为对事物有超乎寻常的独特见解，能用前所未有的新角度、新观点来认识事物、反映事物，对常规大胆突破。

在服装设计中，发散思维的运用是通过一个已知"点"、一个概念去广泛搜集素材。自由联想，寻找创作灵感和创作契机，以寻求到最佳设计方案。因此，这种思维方式比较适用于设计创作的起始阶段，其思维过程就是一个由少到多、由点及面的设计过程。

例如，设计构思可以某一具体事物为出发点。选择一个实物作为设计概念，如"蝴蝶"。先搜寻与蝴蝶相关的图片及资料，了解其生活习性和生长特点；然后从自己感兴趣的某一方面着手，如蝴蝶的造型或蝴蝶翅膀上的图案，还有蝴蝶翅膀绚丽的色彩，甚至由此产生的意境和联想等，"凡是和自己的大脑产生共鸣的元素挑选、组合，通过点点滴滴、方方面面融入和主题相关的一系列工作中去"。由此产生多个画面，每一幅画面都能将想象空间延展，让人思如泉涌。

运用发散思维的关键在于确定发散点和发散的方向。发散点作为引发整体设计的起始点，其作用是至关重要的。以什么作为设计的发散点并没有任何限制，可以是一幅画、一首诗、一件工艺品、一种肌理，也可以是一类风格、一种类型、一种功能、一种结构。只要能激起兴趣、引发灵感的事物都可以作为设计的发散点。

案例

从一根纱线开始

在袁利、赵明东两位老师所著的《打破思维的界限——服装设计的创新与表现》一书中，作者提出的创意设计的思维过程是非常值得国内外学习者借鉴和学习的。为此，本案例选编了该书部分章节，尝试从一种角度来说明创新思维的突破方式。正如该书的作者所说："这样的思维方式都将会使你有意想不到的收获。"

从一根纱线的研究和设计着手，并不是故作深沉。从源头开始去把握整体，会更具有意义。任何事物想达到美观并且具有一定的文化内涵，都必须经过细节上的点滴积累，要在经历了无数传统文化和前卫艺术设置的陷阱后，在不断地磨合中，推广出新的形式并同时保持原有的精髓。确定了主题的概念思想，从一根纱线或一块面料着手，可以通过不同方式进行设计尝试。

第一阶段，选几张在每个阶段不同设计思路的草稿，来说明思维的微妙进程和变化。从初稿直到最后的定稿，期间思维的变化是极为明显的。为达到理想的设计理念，每次在设计稿完成后，便调整脑海中的思路"重新开始"。当反过来再次回顾初期思维的纪录时，似乎也有些许的疑问：创作初期处于什么样的思路和出发点？自己是怎样突破思路的围城的？因为在创作初期，思维的焦点太多，所以感觉的东西不能完全被具体化。

　　第二阶段，将面料设计与造型设计同步进行，在进行造型尝试的同时，注重对针织物材料的创新及运用，探索材料的质感和机理表现，充分利用自然界中的物质材料和再加工手段，如机织、手织、机织融合手织、珠绣、挑花……运用细针、棒针、钩针等各种针织工具。在这一过程中，可以感受种种惊喜带来的愉悦，使自己从服装材料传统的表现手法中摆脱出来，为主题设计创造更加丰富的表现条件。这一过程，理念遵从的概念没有改变，改变的只是思维下的表现形式。在第二阶段的创作过程中，面料设计和造型设计同步进行，设计感觉也随之轻松起来，但这一阶段的设计似乎还没有进入理想的状态。

　　第三阶段，当再一次调整思路时，首先放松自己的思维，将之前的过程在意识中抹去，揣摩目前脑海中对概念的第一感觉，没有约束地、快速地勾勒出草图。当一个个生动、轻松的小草稿呈现时，感觉也似乎到位了，而此时的状态已和之前截然不同。线与线的交织，纱线与线的缠绕，线和珠片的穿插……当一根根极具特色的创意线展示在眼前时，对针织原本有限的创作思路也逐渐被打开，对针织的表现再也难以忽略。

　　对纱线的敏感度左右着自己的创作状态。了解其成分，观察它在空间状态下的结构、毛感、蓬松状态等，成为创造新型纱线的一个重要因素。根据原料或原始纱线来提炼、创造符合主题的新型纱线，这一过程非常具有趣味性，从中可以不断收获惊喜，很多不成熟的想法也会逐渐成熟。虽然不是每个想法和创意都能在这个主题中得到应用，但作为积淀，它们都是非常宝贵的财富。在这个环节需要把握的是"不忽略穿着的舒适性"这一基本原则。

　　了解针织物的特性，分析不同成分的纱线、纱支，这一对纱线的认识过程可能会很枯燥，但由此产生的纱线的创意会将思维带入活跃的空间。虽然对针织面料的可塑性了解了很多，但在创作中未必就能把这种可塑性发挥得淋漓尽致。这是一个必须多次实践的过程，不通过实践，想法只会永远停留在脑海或表述阶段。具体到表现，虽然针织物的表现方法很多，但通常情况下，针织物在表现的灵活度上更多体现在西方的设计之中。同样的方式，不同的表现思维，结果却相差很远，说到底，还是思维的问题。

2. 聚合思维

　　聚合思维也称求同思维，指的是把各种信息聚合起来思考，朝着同一个方向而得出一个正确答案的思维。求同是聚合思维的主要特点，即聚合思维是利用已有的知识经验或常用的方法来解决问题的某种有方向、有范围、有组织、条理性强的思维方式。

　　聚合思维是创造性思维的基本成分之一，是思维者聚集与问题有关的信息，在思考和解答问题时，进行重新组织和推理，以求得正确答案的收敛式思维方式。例如，学生从书本的各种定论中筛选一种方法，或寻找问题的一种答案；理论工作者依据许多现成的资料归纳出一种结论等。发散性思维具有以下四个特征。

　　(1) 封闭性。聚合思维是把许多发散思维的结果由四面八方集合起来，选择一个合理的答案，具有封闭性。

　　(2) 连续性。聚合思维是一环扣一环的，具有较强的连续性。

　　(3) 求实性。发散思维所产生的众多设想或方案，一般来说多数是不成熟的、不实际的。我们必须对发散思维的结果进行有效筛选，被选择出来的设想和方案是按照实用的标准来确定的，是切实可行的，这样的聚合思维就会表现出很强的求实性。

（4）聚焦性。这种思维方式会围绕问题进行反复思考，有时甚至停顿下来，使原有的思维浓缩聚拢，形成思维的纵向深度和强大的穿透力，在解决问题的特定指向上思考，积累一定量的努力，最终达到质的飞跃，顺利解决问题。

在服装设计中，聚合思维重点明确寻找某形态某事物与服装的相同点，找共性。例如，2012 年北京电视台龙年春晚主持人"龙之临"系列服装的设计，即是聚合思维的运用。龙的吉祥之意不只是传统习俗，更是一种精神的鼓舞与激励。为了呼应"龙"的主题，中国著名的 BASIC 时尚集团 BE.PRIV 高级定制设计师团队以"龙"这个最具中国年含义的精神图腾作为设计灵感，为春晚的主持人杨澜、春妮、栗坤、王旭东、罗旭、孔洁等量身设计了"龙之临"系列服装。有的设计理念来源于飞腾的火龙，暗藏着风与火的气势，既有其吉祥的本意，也表达了中国文化经济的崛起，抒发了中国人对于新年、对于未来的美好企盼；有的采用了龙字体的设计理念，服装正面运用了立体裁剪的方法，融入了书法线条的动感，运用了龙鳞的流彩质感面料，把龙的精神融入了服装的设计中，龙之传人的精神在天地间传续，亘古不变；有的在面料上运用了意大利高级定制特定的金属质感的流苏面料，采用简洁大气的结构，虽然平静，但光芒四射，龙身被塑造成一种具有现代感的抽象形式，回退到对现世的思考。"龙之临"系列服装整体体现了 BASIC 时尚集团对于中国文化的理解和阐释。

在这一系列"龙之临"服装的创意设计中，始终以寻找龙与服装的切合点为思路，并对其整合，朝着这一个目标深入构想。很明显，这种解决问题的角度呈现聚合状态，故这一系列服装的设计运用的思维方式是聚合思维。

 【拓展训练】

1. 请用一根纱线创新设计一款服装作品。
2. 运用发散思维的方法尽可能说出回形针。
3. 在下列注有英文字母的六个图形中鲍选出一个合适的填入空白方格内。

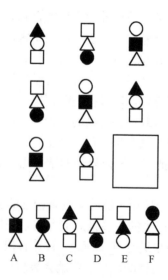

任务五　创　新　方　法

知识目标

1. 掌握创新方法的含义及意义
2. 熟悉八种典型创新方法的含义

能力目标

1. 提升创新能力
2. 能够综合运用所学方法科学地进行创新实践活动

一、创新方法的含义

创新方法是人们在创造发明、科学研究或创造性解决问题的实践活动中总结得出的创造技巧和科学方法，被广泛应用于人类社会生产实践的各个领域。通过智力训练、创新思维能力培养等创新活动的实践运用，创新方法不仅获得了验证，自身也得到了不断地丰富和完善，显示出了强大的生命力。

二、常用的创新方法

创新方法有很多种，常用的创新方法如下。

(一) 奥斯本检核表法

1. 奥斯本检核表法的含义

奥斯本检核表是针对某种特定要求制定的检核表，主要用于新产品的研制开发。奥斯本检核表法是指以该技法的发明者奥斯本命名、引导主体在创造过程中对照九个方面的问题进行思考，以便启迪思路，开拓思维想象的空间，促进人们产生新设想、新方案的方法。九个大问题包括能否他用、能否借用、能否改变、能否扩大、能否缩小、能否替代、能否调整、能否颠倒和能否组合。

奥斯本检核表法是一种产生创意的方法。在众多的创造技法中，这种方法是一种效果比较理想的技法。由于它突出的是效果，因此被誉为"创造之母"。人们运用这种方法，产生了很多杰出的创意以及大量的发明创造。

奥斯本检核表共有九类76个问题，其实质就是从九个方面的76个角度启发我们提出问题和思考问题，使思路沿着正向、侧向、逆向、合向及发散展开。因此，它的侧重点是提出思考问题的角度而不是步骤，核心是启发和发挥联想的力量。九类76个问题如下。

(1) 可以引入吗(是否能够从其他领域、产品、方案中引入新的元素、新的材料、新的造型、新的原理、新的工艺、新的思路，以改进现有的方案或产品)?

(2) 可以替换吗(是否能够用其他东西替代现有的产品、方案或其中的部分)?

(3) 可以添加、增加、扩大吗(是否能够增加一些元素,或使现有元素的数值增加,如新的材料、色彩)?

(4) 可以减少、缩小吗(是否能够通过缩小某一要素的数值,如长度、体积、大小、容量,或减少一部分成分来实现改进)?

(5) 可以引出吗(是否可将该产品或方案的原理、结构、材料、成分、思路等用于其他地方)?

(6) 可以改变吗(是否可改变该产品的名词、动词、形容词属性和特征来实现改进)?

(7) 可以逆反吗(能否在程序、结构、方向、方位、上下、左右等方面逆反,以实现更好的效果)?

(8) 可以组合吗(能否把现有的产品或方案与其他产品或方案组合起来,形成新的思路)?

(9) 其他任何提问(如可以扩展吗? 可以改变功能吗? 可以放弃或舍弃吗? 可以涂改吗?)。

利用奥斯本检核表法可以产生大量的原始思路和原始创意,它对人们的发散思维有很大的启发作用。奥斯本检核表法的核心是改进,或者说关键词是改进、变化。其基本做法:首先,选定一个要改进的产品或方案;其次,面对一个需要改进的产品或方案,或者面对一个问题,从九个角度提出一系列的问题,并由此产生大量的思路;最后,进行筛选和进一步思考、完善。

2. 奥斯本检核表法实施原则

(1) 项目全覆盖原则。检核项目不要有遗漏。

(2) 重复检核原则。多检核几遍,会更准确地选择出所需创新、发明的地方。

(3) 单人检核与集体检核结合原则。检核方式可根据需要,采取单人检核或者集体检核。一般来说,集体检核可以互相激励,产生头脑风暴,更有希望创新。

案例

奥斯本检核表法

以生活中常见的电扇为例,得到的奥斯本检核表如表 3-1 所示。

表 3-1　奥斯本检核表法案例

项目	项目名称	创 造 性 设 想
1	能否他用	湿气干燥装置、吸气除尘装置、风洞试验装置
2	能否借用	仿古电扇、借用压电陶瓷制成的无翼电扇
3	能否扩大	可吹出冷风的电扇、可吹出热风的电扇、驱蚊电扇
4	能否缩小	微型吊扇、直流电微型电扇、太阳能微型电扇
5	能否改变	方形电扇、立柱形电扇、其他外形奇异的电扇
6	能否替代	玻璃纤维风叶的电扇、遥控电扇、定时电扇、声控或光控电扇
7	能否调整	模拟自然风的电扇、保健电扇
8	能否颠倒	利用转栅改变送风方向的电扇、全方位风向的电扇
9	能否组合	带灯电扇、带负离子发生器的电扇、对转风叶的电扇

(二) 头脑风暴法

1. 头脑风暴法的含义

头脑风暴法又称智力激励法，是由美国创造学家奥斯本于 1939 年首次提出、1953 年正式发表的一种激发性思维的方法。此法经各国创造学研究者的实践和发展，被证实是一种有效的集思广益的创新方法。它通常采用专家小组会议的形式进行，与会者自由思考，畅所欲言，互相启发，从而引起思想互振，产生组合效应，激发更多的创造性思维，获得创新的设想。

头脑风暴法是一种通过会议的形式，让所有参加者在自由愉快、畅所欲言的气氛中，自由交换想法或点子，对一个问题进行有意或无意的争论和辩解的一种民主议事方法。

发明创造的实践表明，真正有天资的发明家，他们的创造性思维能力远较平常人要优越得多。但对天资平常的人，如果能相互激励，相互补充，引起思维共振，也会产生不同凡响的新创意或新方案。俗话说，"三个臭皮匠，顶个诸葛亮"，也就是奥斯本头脑风暴法的"中国式"译义，即集思广益。开会是一种集思广益的办法，但并不是所有形式的会议都能取得让人散开思想、畅所欲言的效果。奥斯本的贡献，就在于找到了一种能有效实现信息刺激和信息增值的操作规程。

头脑风暴法适合于解决那些比较简单、严格确定的问题，如研究产品名称广告口号、销售方法、产品的多样化研究等，以及需要大量的构思、创意的行业，如广告业。

头脑风暴法要解决的议题应从大家关注的问题着手，如平日悬而未决的、参与者一直期待解决的问题。这种议事方法的特点是：参与者提出的方案越离奇越好，以此激发与会者的创意及灵感，使要解决的问题思路逐渐明晰起来。

2. 头脑风暴法的实施原则

(1) 不许评判原则。对各种意见、方案的评判必须放到最后阶段，此前不能对别人的意见提出批评和评价，任何人不做判断性结论。

(2) 自由畅想原则。参与者不应该受任何条条框框的限制，大胆设想，各抒己见，自由鸣放。创造一种自由、活跃的气氛，激发参与者提出标新立异、与众不同、具有独创性的想法。

(3) 以量求质原则。意见越多，产生好意见的可能性越大，这是获得高质量创造性设想的条件。

(4) 综合改善原则。除提出自己的意见外，还要鼓励参与者对他人已经提出的设想进行补充、改进和综合，强调相互启发、相互补充和相互完善。

(5) 限时限人原则。参加会议的人数不超过 10 人，时间限制在 20 分钟到 1 小时。

案例

飞机扫雪

美国北方格外严寒，大雪纷飞，电线上积满冰雪，大跨度的电线常被积雪压断，严重影响通信。过去，许多人试图解决这一问题，但都未能如愿以偿。后来，电信公司经理应用奥斯本发明的头脑风暴法尝试解决这一难题。他召开了一个能让头脑卷起风暴的座谈会，参加会议的是不同专业的技术人员。该座谈会要求他们必须遵守以下原则：

第一，自由思考，即要求与会者尽可能解放思想，无拘无束地思考问题并畅所欲言，不必顾虑自己的想法或说法是否"离经叛道"或"荒唐可笑"。

第二，延迟评判，即要求与会者在会上不要对他人的设想评头论足，不要发表"这主意好极了！""这种想法太离谱了！"之类的"捧杀句"或"扼杀句"。至于对设想的评判，留在会后组织专人考虑。

第三，以量求质，即鼓励与会者尽可能多而广地提出设想，以大量的设想来保证质量较高的设想的存在。

第四，结合改善，即鼓励与会者积极进行智力互补，在增加自己提出设想的同时，注意思考如何把两个或更多的设想结合成另一个更完善的设想。

按照这种会议规则，大家七嘴八舌地议论起来。有人提出设计一种专用的电线清雪机；有人想到用电热来化解冰雪；也有人建议用振荡技术来清除积雪；还有人提出能否带上几把大扫帚，乘坐直升机去扫电线上的积雪。对于这种"坐飞机扫雪"的设想，大家心里尽管觉得滑稽可笑，但在会上也无人提出批评。相反，有一个工程师在百思不得其解时，听到用飞机扫雪的想法后，大脑突然受到冲击，一种简单可行且高效率的清雪方法冒了出来。他想，每当大雪过后，出动直升机沿积雪严重的电线飞行，依靠高速旋转的螺旋桨即可将电线上的积雪迅速扇落。他马上提出"用直升机扇雪"的新设想，顿时又引起其他与会者的联想，有关用飞机除雪的主意一下子又多了七八条。不到一小时，与会的 10 名技术人员共提出 90 多条新设想。会后，公司组织专家对设想进行分类论证。专家们认为设计专用清雪机、采用电热或电磁振荡等方法清除电线上的积雪在技术上虽然可行，但研制费用大，周期长，一时难以见效。那种因"坐飞机扫雪"激发出来的几种设想倒是一种大胆的新方案，如果可行，将是一种既简单又高效的好办法。经过现场试验，发现用直升机除雪真能奏效，一个久悬未决的难题终于在头脑风暴会中得到了巧妙的解决。

(三) 六顶思考帽法

1. 六顶思考帽法的含义

六顶思考帽法是英国学者爱德华·德·博诺开发的一种思维训练模式。该办法利用白、黄、黑、红、绿、蓝六种颜色代表不同的思维角色，帮助人们在分析问题的过程中通过变换思维角色进行创新。运用此方法，人们在思考问题时，可有效区分感性认识与理性认识，使思维变得清晰，并针对目标问题进行全方位剖析。

六顶思考帽法的主要功能在于为人们建立一个思考框架，在此框架下按照特定的程序进行思考，从而极大地提高企业与个人的效能，降低会议成本，提高创造力，解决深层次的沟通问题。它为许多国家、企业与个人提供了强有力的管理工具。在实际运用中，运用六顶思考帽法可以将会议时间减少 80%。在历史上，运用六顶思考帽法将 1984 年前是赔钱的奥运会变为生钱机器；在席卷欧洲的"疯牛病危机"中，让一家工厂笑看风云，这一切都归功于六顶思考帽法。

2. 六顶思考帽法的实施原则

(1) 白色思考帽。白色是中立而客观的，戴上白色思考帽，人们思考和关注的是客观事实和数据。

(2) 绿色思考帽。绿色代表茵茵芳草，象征勃勃生机。绿色思考帽寓意创造力和想象力，它具有创造性思考、头脑风暴、求异思维等功能。

(3) 黄色思考帽。黄色代表价值与肯定，戴上黄色思考帽，人们从正面考虑问题，表达乐观的、满怀希望的、建设性的观点。

(4) 黑色思考帽。黑色代表否定和不满，戴上黑色思考帽，人们可以用否定、怀疑、质疑的看法合乎逻辑地进行批判，尽情发表负面意见，找出逻辑上的错误。

(5) 红色思考帽。红色代表热情与开放，戴上红色思考帽，人们可以表现自己的情绪，还可以表达直觉、感受、预感等方面的看法。

(6) 蓝色思考帽。蓝色代表豁达和宽广，蓝色思考帽负责控制和调节思维过程，负责控制各种思考帽的使用顺序，规划和管理整个思考过程并负责得出结论。

案例

互联网家电企业的案例分析

【案例背景】

几年前，一家诞生没多久的互联网家电企业由于砍掉了传统渠道等中间环节，将一款款设计精良、性能优异的"爆品"通过线上进行销售。在很短的时间内，该家电企业就领先同行竞品夺得市场第一份额。但不久之后，一些市场问题突显出来了：销量下滑、投诉增加，甚至很多地方开始出现了假货、仿冒品。

公司总结后，认为最大的原因是缺乏线下体验和线下购买方式的多样化，而这正是目前困扰着公司的最大问题。于是，战略决策部门组织公司骨干一起商量对策，开始了一场六顶思考帽法的战略讨论。

【思维工具】

六顶思考帽法。

【组合方法】

蓝帽+白帽+黄帽+黑帽+绿帽+红帽+蓝帽。

【应用目的】

蓝帽：确定主题，聚焦讨论重点。

白帽：梳理关键事实、数据和资料等信息。

黄帽：通过议题思辨，发现价值和机会。

黑帽：分析可能面临的问题、困难和风险。

绿帽：针对黑帽发现的问题，创造性地提出解决办法。

红帽：了解团队成员意见，保证最终决策一致。

蓝帽：形成最终决策及解决方案。

【会议过程】

蓝帽

　　设定讨论的议题：是否开设线下销售和线下体验服务来解决投诉问题？

白帽

　　(1) 一个月内，某产品在线销量下滑了 40%。

　　(2) 在投诉量的统计上，线上、线下投诉的占比分别是 35%和 65%。

　　(3) 线下投诉的 70%是中老年人，绝大多数原因是功能使用不当。

　　(4) 400 电话接到投诉最多的两个问题是线上"抢"不到产品、线下被骗而买到假货两类。

　　(5) 多家自媒体在 Youku、爱奇艺等视频网站指责公司搞"饥饿营销"。

　　(6) 广东省某一个用户在当地数码市场买到仿冒品，充电时短路造成重大损失。

黄帽

　　(1) 开设线下销售，可以满足一部分不会使用在线购买的中老年用户的需求。

　　(2) 开设线下销售，可以向客户推荐配件或其他产品，提高客单价和提升毛利。

　　(3) 有了线下体验环节，线下顾问可以协助用户指导客户使用产品，避免使用不当造成的客户投诉。

　　(4) 线下终端和门店可以帮助客户进行免费验货、免费维护和保养，提升用户体验。

　　(5) 开设线下销售活动，提高企业形象和影响力，提高口碑。

黑帽

　　(1) 开设线下商店活动，租金成本、运营成本将大大增加。

　　(2) 人力资源储备不够，不能立刻招募足够的人手为线下销售和体验提供支持。

　　(3) 公司定位是"互联网公司"，大规模开设线下渠道销售担心与公司定位矛盾。

　　(4) 线下渠道投资增加，最终成本转嫁到价格，用户利益将严重受损，和经营理念不符。

　　(5) 进一步开放线下销售，可能会使"黄牛"更加猖獗。

绿帽

　　(1) 储备一部分货源，在原有的城市服务网店销售(不增加额外租金成本)。

　　(2) 要求购买产品实名制，一张身份证可购买一个产品(防"黄牛")。

　　(3) 每一个服务网店增设若干产品体验师，专职指导用户使用产品(提升用户体验)。

红帽

　　会议发起者组织大家投票，90%的参会者同意执行开设线下销售服务。

蓝帽

　　经过六项思考帽法，决定如下：

　　(1) 在原有的数百家服务网点开通部分产品线下销售，满足部分客户需求。

　　(2) 用户凭身份证限购，严格管理，防止"黄牛"炒货。

　　(3) 服务网点员工全员定期产品培训，以轮岗的形式服务每一位客户。

【案例结果】

　　该公司通过线上销售、线下服务的 O2O 模式，满足了不同用户群体。在不增加运营成本的前提下，用已有的直营与授权服务网点部分开放销售，增加客户体验师的投入和培养，大大提高了用户满意度，原来困扰大家的客户投诉问题也得到了缓解。

(四) 列举法

列举法是针对某一具体事物的特定对象，从各个方面进行分析并将其本质内容逐一罗列出来，用以启发创造设想、找到新的发明创造的创造技法。

列举法可分为缺点列举法、希望点列举法、希望点与缺点列举法及特性列举法等。

1. 缺点列举法

缺点列举法是通过挖掘事物的缺陷，把它的具体缺点一一列举出来，然后提出改革方案，进行创造发明的一种方法。

现在工厂中正在生产或市场上正在销售的各种商品并不都是十全十美的，它们或多或少存在着这样那样的缺点。如果能对产品"吹毛求疵"，找出它的缺点，然后运用新技术加以改革，就会创造出许多新的产品来。

用缺点列举法进行创造发明的具体做法是：召开一次缺点列举会，会议由5～10人参加，会前先由主管部门针对某项事务，选举一个需要改革的主题，在会上发动与会者围绕这一主题尽量列举各种缺点，越多越好，另请人将提出的缺点逐一编号，记在一张张小卡片上，然后从中挑选出主要的缺点，并围绕这些缺点制订出切实可行的改革方案。一次会议的时间通常在一两个小时之内，会议讨论的主题宜小不宜大。即使是大的主题，也要分成若干小题，分次解决，这样原有的缺点就不致被遗漏。

2. 希望点列举法

希望点列举法不同于缺点列举法，缺点列举法是围绕现有物品的缺点提出各种改进设想，这种设想不会离开物品的原型，因此它是一种被动型的创造发明方法；而希望点列举法是从发明者的意愿提出各种新的设想，可以不受原有物品的束缚，因此它是一种积极、主动型的创造发明方法。用希望点列举法进行创造发明的具体做法流程与缺点列举法类似。

3. 希望点与缺点列举法

希望点与缺点列举法在应用过程中往往是希望点与缺点联合使用，一并列举，因为人们在发现事物缺点的同时便会提出希望。例如，现今流行的电动车就是应用这种创新思维设计产生的。自行车速度慢，花费体力大，已无法适应现在的高节奏生活；摩托车虽然在车速上有很大优势，但耗油量大，环境污染严重，而且车速过快，容易失控，发生车祸。在这种情况下，人们都希望能出现一种新的交通工具，扬长补短。电动车正迎合了人们的愿望，它使用的是电能，一般情况下，耗电量低，使用成本也相应降低，而且不会造成空气污染，速度上比自行车快，比较适合作为人们的代步工具。

4. 特性列举法

特性列举法也称属性列举法，是由美国克劳福德创立的。该法简单实用，既适用于个人，也适用于群体。特性列举法解决问题的主要思路是：逐一列举创意对象的特征，进行联想，提出解决方案。其分两步走：第一步，选择目标较明确的创意课题，宜小不宜大；再列举创意对象的特性，即名词特性(整体、部分、材料、制造方法)、形容词特性(性质、状态、颜色、形状、感觉)和动词特性(功能、作用)。第二步，从各个特性出发，提问或自问，启发广泛联想，产生各种设想，再经评价分析，优选出经济效益高、美观实用的方案。在运用该法时，对创意对象的特性分析得越详细越好，并尽量从多角度提问和解决问题。例如，把一辆自行车分解成一个个零件，每个零件功能如何、特性怎样、与整体的关系如何都列举出来，制成一览表。若对象(如飞机)过于复杂，则应先将对象分解，然后选一个目标较为明确的发明或改进课题，各个突破。例如，鸣笛水壶就是按这一思路创意成功的：蒸汽口设在壶口，水烧开后自动鸣笛；盖上孔，提壶时不烫手；水壶外壳倒过来冲压成型，焊上壶底，外形美观，还可以节省能源。气动保温瓶也是运用该法发明的，原保温瓶只有装水和倒水两种功能，新保温瓶则有气动出水功能；此外，新保温瓶不仅有实用价值，而且造型、色彩美观，是美化家庭的装饰品。

(五) 和田十二法

和田十二法是我国学者许立言、张福奎在奥斯本检核表法基础上，对其基本原理加以创造而提出的一种思维技法。它既是对奥斯本检核表法的一种继承，又是一种大胆的创新。例如，其中的"联一联""定一定"等就是一种新发展。同时，这些技法更通俗易懂，简便易行，便于推广。

(1) 加一加：加高、加厚、加多、组合等。
(2) 减一减：减轻、减少、省略等。
(3) 扩一扩：放大、扩大、提高功效等。
(4) 变一变：变形状、颜色、气味、音响、次序等。
(5) 改一改：改缺点、改不便、改不足之处。
(6) 缩一缩：压缩缩小、微型化。
(7) 联一联：原因和结果有何联系，把某些东西联系起来。
(8) 学一学：模仿形状、结构、方法，学习先进。
(9) 代一代：用其他材料和方法代替。
(10) 搬一搬：移作他用。
(11) 反一反：能否颠倒一下。
(12) 定一定：定一个界限、标准，能提高工作效率。
按这十二个"一"的顺序进行核对和思考，就能从中得到启发，诱发人们的创造性设想。

(六) 组合创新法

组合创新法是指把现有的技术或产品通过功能、原理、机构等的组合变化，形成新的技术思想或新的产品的方法。组合的类型包括功能组合、系统组合等。例如，"文房四宝"就是组合创新法的例子。

(七) 5W2H 法

5W2H 法也称七何分析法，其含义是 Why、What、Who、When、Where、How、How much。人们利用这七个问题进行设问，探寻创新思路，实现新的发明创造。在创新活动中，使用 5W2H 法将问题的主要方面都列举出来，减少了思考问题时发生遗漏的现象。该法简单、方便，易于理解和使用，富有启发意义。

（八）综摄法

综摄法是指通过已知的东西作为媒介，把毫无关联的、不相同的知识要素结合起来，摄取各种产品的长处并将其综合在一起，制造出新产品的一种创新技法。日本南极探险队在输油管不够的情况下，因地制宜，用铁管做模子，包上绷带，层层淋上水使之结成一定厚度的冰，做成冰管，作为输油管的代用品。

除以上几种创新方法外，还有中山正和法、公理化设计理论等 300 多种创新方法。

三浦折叠法

2004 年，日本宇宙科学研究所在发射太阳能飞船时遇到一个难题，那就是为外太空航行提供能源所需的太阳能板需要尽可能大的展开面积，而这些太阳能板又必须能够被折叠到尽可能小的状态才能在发射过程中装进狭小的飞船船舱，并且这一折叠和展开的过程都必须尽可能简单，才能在无人环境中顺利完成。于是，东京大学宇宙科学研究所教授三浦公亮发明了一种折纸方法，为太阳能板的收放提供了一个完美的解决方案，这一方案被称为三浦折叠法。后来，这一方案被广泛应用在各个领域。2014 年，美国科学家特雷斯在此基础上发明了新的折叠式太阳能板——太空花。

在大部分人看来，折纸这一民间艺术与宇航领域简直毫无相似之处，但三浦公亮教授却把握住了两者之间"可折叠"的共通点，将折纸和太阳能板这两种风马牛不相及的事物联系在了一起，想出了解决问题的方法，这就是综摄法。

 【拓展训练】

1. 简述创新方法的含义。
2. 谈谈你印象最深的一种创新方法鲍并尝试用此种方法解决身边的问题。

第四部分　创　　业

任务一　了　解　创　业

知识目标

1. 了解创业的含义
2. 掌握创业的特点
3. 了解创业的过程
4. 了解创业的常见方法

能力目标

1. 具备一定的创业意识鈍能有意识地寻找创业机会
2. 能够利用所学创业知识进行初步创业实践

一、创业的含义和特点

创业就是指人们根据社会需要，运用自己的聪明才智创立一种事业，或在工作中有所创造、创新和发展的过程。创业具有以下四个特点。

（一）创业是创造具有"更多价值"新事物的过程

创业意味着创造某种新事物，这种新事物必须是有价值的。这里所说的新事物可以是产品，也可以是技术或服务，甚至可以是团队或组织。

（二）创业需要付出时间和努力

创业是一个从产生创业动机、寻找和识别创业机会、整合创业资源、创办新企业到管理新企业，实现创业回报的过程，这就要求创业者能够付出必要的时间和极大的努力。

案例

阿里巴巴创立

马云创业初期，没有政策支持，没有资金支持。1995年，31岁的他投入了7000元，靠亲属凑了2万元创立了"海博网络"，成为"中国黄页"。1996年马云创办了"中国黄页"，

1999 年，他推辞了新浪和雅虎的邀请，决心回杭州创业。马云等"十八罗汉"凑了 50 万元，注册了阿里巴巴。阿里巴巴发展初期，他和员工 35 人每天 16～18 小时野兽般地疯狂工作，日夜讨论网页和构思。为了获得政策和资金支持，四处奔走，甚至到美国去融资，结果没有融到一分钱。

马云深刻感受到当时中小企业创业的困难和艰辛。因此，他立志一定要建成一个服务于中小企业的平台，20 年后，成就了阿里巴巴的今天。

(三) 创业需要承担必然存在的风险

创业的意义在于创新和创造，通俗来说，就是要"走他人没有走过的路"，只有这样才能称得上具有独创性。既然是做他人没有尝试过的事情，就必然要承担来自多个方面，如技术、资金、管理、政策等方面的风险。

(四) 创业可以得到回报

风险与回报可以说是一对"孪生兄弟"。如果以回报与风险分别作为横纵坐标、以高低为标准，就可以将一个矩阵划分为四个部分，分别代表四种事业类型，即"高风险高回报""高风险低回报""低风险高回报""低风险低回报"。创业者通常会选择"高回报"的事业作为创业项目，他们期待在付出努力、承担风险后，在事业成功之时获得较高的回报。这种回报可以是金钱，也可以是理想的实现，还可以是荣誉、成就感、得到认可和尊重等。

案例

大学生创业历程

高雷，2012 年考入陕西工业职业技术学院化工与纺织学院，在校期间担任学生会主席、协会主席等职务。

主要成就："高小蕾"网络科技创始人兼 CEO、"蕾峰教育"品牌创始人、全国首家共享零食开拓者、梦想兄弟文化传媒董事长、金穗影视学院副院长、咸阳市大学生创业协会理事兼创业导师。

主要荣誉：咸阳市大学生创业导师、2017 年咸阳市创业先进个人、校企联盟俱乐部主席、2018 中国科技创新先进个人、"十三五"中国网络新零售营销模式创新示范单位。

2015 年毕业后，高雷推掉了国企的工作，毅然决然选择了创业。创业初期无资源、无资金、无人脉，面对"三无"的窘境，高雷始终坚信天道酬勤，只要树立目标并坚持下去就一定能取得成功；同年在武功县做的智慧乡村达 200 余家后被阿里巴巴集团收购，12 月代表青年电商创业者被省政府邀请参加京东研讨会并与刘强东会面。

2016 年进修了西安交通大学 EMBA 的学习并取得了优异的成绩；同年创立"蕾锋教育"公益品牌，旨在帮助陕西贫困地区的儿童进行文化课和心理辅导及学业资助帮扶，已累计为五个县区 3650 名儿童进行了公益帮助；并在咸阳开设第一家艺术影视培训机构，在西安开设第一家沙画馆等。

2017 年，高雷正式进军互联网+新零售业并成立陕西高小蕾网络科技有限公司，在咸阳万达广场开设一家全球零食量贩店、一家便利店、一家无人超市。

2018 年，高雷在自己的家乡自费建立一所学校、一家超市，旨在服务于父老乡亲，让农村的孩子以低廉的学费享受优质的教育教学资源。同年，在互联网下半场，他选择了新零售这个行业，创立新零售品牌"高小蕾"，并拿到了天使轮百万美元的融资，他认为线上结合线下的趋势必将又一次改变人们的生活方式。一方面，随着互联网的发展及无限性延伸，"互联网+零售"的平台也不断增多，给顾客提供了越来越大的选择空间；另一方面，传统商业的有限性更加突出，顾客难以实现的高效率的愿望可以通过新零售得到弥补。从重构人货场关系入手，从"人找货"时代步入"货找人"时代，真正实现"便利共享""所见即所得"的购物体验，这种"便利、共享"的模式才是未来的趋势。

二、创业的过程

(一) 成为创业者

创业者主要指认识到市场机会，通过创立企业试图获得机会带来的收益，而同时又必须为错误的决策承担风险的人。这一定义主要强调以下几个方面。

首先，创业者必须是市场机会的发现者。创业者凭借其信息的优势、知识(不仅包括一般意义上学习获得的知识，在工作过程中积累的经验也是重要的知识)的积累和特殊的敏感性，发现新的市场需求(当然，该需求能够在现代时空的约束下促使人们制造出产品或实现新的服务)，以更低的价格提供产品或服务给现存市场。

其次，通过开创企业或在现有组织中组织人、财、物等要素，开发市场机会，以期获得机会带来的收益。

最后，创业者必须要为自己对机会价值判断的失误而承担风险。如果自己投入资本，则面临着资本和名誉的双重损失；如果没有投入自己的资本，同样也会因为声誉受损，影响自身未来的市场价值。

(二) 识别创业机会

1. 识别机会的创业者的特征

为什么有些人能看到机会？这些看到了机会的创业者有什么独特之处？一般认为，识别创业机会需具备以下特征。

(1) 前人经验。在特定产业中的前人经验有助于创业者识别机会。经调查发现，70%左右的创业机会其实是在复制或修改以前的想法或创意，而不是全新的创业机会。

(2) 专业知识。拥有在某个领域更多专业知识的人，会比其他人对该领域内的机会更具警觉性与敏感性。例如，一位计算机工程师就比一位律师对计算机产业内的机会和需求更为警觉与敏感。

(3) 社会关系网络。个人社会关系网络的深度和广度影响着机会识别，这已是不争的事实。通常情况下，建立了大量社会与专家联系网络的人，会比那些拥有少量网络的人容易得到更多的机会。

(4) 创造性。从某种程度上来说，机会识别实际上是一个创造过程，是不断反复的创造性思维过程。在许多产品、服务和业务的形成过程中，甚至在许多有趣的商业传奇故事中，我们都能看到有关创造性思维的影子。

2. 先有创意，再谈机会

创业因机会而存在，而机会是具有时间性的有利情况。一般认为，机会就是未明确的市场需求或未充分使用的资源或能力。机会具有很强的时效性，甚至瞬间即逝，一旦被别人把握住也就不存在了。而机会又总是存在的，一种需求被得到满足，另一种需求又会产生；一类机会消失了，另一类机会又会产生。大多数机会不是显而易见的，需要去发现和挖掘。如果显而易见，总会有人开发，那么有利因素很快就不存在了。

对机会的识别源自创意的产生，而创意是具有创业指向且具有创新性的想法。在创意没有产生之前，机会的存在与否意义并不大。有价值潜力的创意一般会具有以下基本特征。

(1) 独特、新颖鈍难以模仿。

创业的本质是创新，创意的新颖性可以是新的技术和新的解决方案，可以是差异化的解决办法，也可以是更好的措施。另外，新颖性还意味着一定程度的领先性。很多创业者在选择创业机会时，关注国家政策优先支持的领域就是在寻找领先性的项目。不具有新颖性的想法不仅不会吸引投资者和消费者，对创业者本人也不会有激励作用。新颖性还可以加大模仿的难度。

(2) 客观、真实鈍可以操作。

有价值的创意绝对不会是空想，而要有现实意义，具有实用价值，其简单的判断标准是能够开发出可以把握机会的产品或服务。另外，市场上存在对产品或服务的真实需求，或可以找到让潜在消费者接受产品或服务的方法。

有潜力的创意还必须具备对用户的价值与对创业者的价值。创意的价值特征是根本，好的创意要能给消费者带来真正的价值。创意的价值要靠市场检验，好的创意需要进行市场测试。同时，好的创意必须给创业者带来价值，这是创业动机产生的前提。

需要注意的是，创意与点子不同，区别在于创意具有创业指向，进行创业的人在产生创意后，会很快甚至同时就会把创意发展为可以在市场上进行检验的商业概念。商业概念既体现了顾客正在经历的、也是创业者试图解决的种种问题，还体现了解决问题所带来的顾客利益和获取利益所采取的手段。例如，帮助球手把打丢的球找回来是一个创意，因为容易把球打丢是实际存在的问题。而有人试图要解决这个问题，在高尔夫球内安置一个电子小标签，开发手持装置搜索打丢的球是解决问题的有效手段。

(3) 是不是机会鈍先做市场测试。

创业者对机会的评价来自他们的初始判断，而初始判断通常就是假设加简单计算。牛根生在谈到牛奶的市场潜力时说，民以食为天，食以奶为先，而我国人均喝奶的水平只是美国的几十分之一。也许这就是他对乳制品机会价值的直观判断。这样的判断看起来绝对不可信，甚至会觉得有些幼稚，却是有效的。机会瞬间即逝，如果都要进行周密的市场调查，经常会难以把握机会。

创业者经常容易犯的错误是，自己认为好的，就一厢情愿地断定顾客也应该认为好。"己所不欲，勿施于人"，然而"己所欲，施于人"也不一定能奏效。如何确定顾客的偏好，通常可以采用市场测试的方法，将产品或服务拿到真实的市场中进行检验。市场测试可以说是一种比较特殊的市场调查方法，是创业者必须学习的必修课程。市场测试与市场调查不完全相同，询问一个消费者是否想购买和这位消费者实际是否购买很多时候是两回事。雀巢咖啡为打开中国市场，选择一些城市向住户投递小袋包装咖啡就是一种市场测试。

3. 寻找创业机会

创业机会主要是指未明确的市场需求或未充分使用的资源或能力。创业者利用创业机会，可以为客户提供有价值的产品或服务，同时使创业者自身获得利益。可以从以下几个方面寻找创业机会。

(1) 从问题中寻找。

创业的根本目的是满足顾客需求，而顾客需求在没有满足前就是问题。因此，寻找创业机会的一个重要途径，就是善于发现和体会自己和他人在需求方面存在的问题或生活中存在的难处。

案例

摩拜单车

胡玮炜，摩拜单车的创始人。2015 年，摩拜单车正式在上海、北京、深圳三个城市进行试点，成功后迅速扩散至全国各地。摩拜单车先后进入新加坡、英国、意大利、日本、泰国、马来西亚、美国、韩国等国家超过 180 个城市，运营着超过 700 万辆摩拜单车，为全球超过 2 亿用户提供智能出行服务，日订单量超过 3000 万辆，成为全球最大的智能共享单车运营平台和移动物联网平台。

摩拜单车提供的智能共享单车服务解决了人们短距离出行的难题，使人们更便利地完成城市内的短途出行，并帮助缓解交通拥堵，减少环境污染，让我们的生活更加美好。

(2) 从变化中寻找。

创业的机会大都产生于不断变化的市场环境。环境变化了，市场需求、市场结构必然发生变化。这种变化主要来自产业结构的变动、消费结构升级、城市化加速、思想观念变化、政府政策变化、人口结构变化、居民收入水平提高、全球化趋势等诸多方面。寻找变化，并积极反应，把它当作机会充分利用，进而产生更多创业机会。

随着互联网快速普及和发展，网络支付、网络安全、网络诚信以及物流运输等也随之日趋完善，进而造就了淘宝、天猫、亚马逊等一系列的电子商务交易平台。微信功能的不断提升和完善也造就了许许多多的微商。互联网的发展，给大众个体带来了前所未有的创业机会。

(3) 从创造发明中寻找。

创造发明提供了新产品、新服务，可以更好地满足顾客需求，同时也带来了创业机会。例如，随着计算机的诞生，计算机维修、软件开发、计算机操作培训、图文制作、信息服务、网上开店、人工智能、大数据分析等创业机会随之而来。

案例

"开花结果"的书 —— 瓜果书

瓜果书最早起源于日本，日本最早致力于农业高新技术产业化研发推广，瓜果书的设计和制作发轫于无土栽培技术的勃发。在日本农产省和日本有机农业研究会的共同推进下，瓜果书应运而生。瓜果书，通俗来说，就是一种"书本里能长出花花草草、瓜瓜果果的有机书"。

但这个美丽的童话有着坚实的科学基础和依据。瓜果书本质上是结合了工业设计的先进理念和园艺栽培技术的成熟技术，从而打造出的极具创新意识的工业产品。瓜果书中含有膨化剂、高效营养介质以及迷你种子。在日本，各地商场和书店均有瓜果书出售，如番茄书、黄瓜书、茄子书等应有尽有。这些外貌似书本的产品表面包装有防水纸，其内塞有石绒、人造肥和种子等。人们购买后按照其内附赠的种植说明，只要每天浇水，便能长出手指粗细的黄瓜、弹丸似的番茄等。一般情况下，一本番茄书经培育可长出 150～200 个迷你果，一本黄瓜书可结出 50～70 条袖珍瓜。这种时尚新颖的创意产品一度在日本成为最为畅销的工艺创意产品。

现在的瓜果书还处于书本与有机介质的结合阶段，有机介质借助于书本外观的创意设计，从而实现种子的生长发芽、开花结果。

瓜果书的未来充满诱惑，它将使"书本开花结果"的童话成真。

(4) 从竞争中寻找。

在市场竞争中，通过弥补竞争对手的缺陷和不足、完善产品功能或服务等进行创新创业服务，也可以找到很多创业机会。

案例

世界上第一条牛仔裤

世界上第一条牛仔裤的诞生，并非为了时髦，也不是要表现时装设计的新颖观念。它原本是一百多年前，北美加州的一名裁缝为矿工所缝制的帆布裤。

1847 年，年仅 17 岁的德国人李维·斯特劳斯(Levi Strauss)来到了北美新大陆。他以非常别扭的英语，协助两位兄长做小生意。他整天劳碌，仅够糊口，夜晚留宿在粮仓里，有时甚至露宿街头，日子并不好过。

1853 年，李维·斯特劳斯随着当时的淘金热潮前往旧金山，寻找发展的机会。临走前，他东拼西凑地筹了一笔钱，买了一大捆帆布，带去旧金山，准备卖给淘金的矿工，供制作帐篷或马车篷之用。他做梦也没想到，这捆帆布竟然改变了他的一生。

"假如有一条非常耐穿的裤子，那该多好哇!"有一次，李维·斯特劳斯在街边卖帆布时听到一名矿工这么说。颇有生意头脑的他，灵机一动，立刻拿了一块帆布去找裁缝，要求他做一条帆布裤子，这就是世界上第一条牛仔裤。此后，李维·斯特劳斯除了卖帆布之外，也兼卖他设计的帆布裤。由于这种帆布裤既耐穿又便宜，因此非常迎合那些又勤劳、又节俭的矿工的需求。1854 年，李维·斯特劳斯便在旧金山开了一家裁缝店，专门生产牛仔裤。他的生意蒸蒸日上，财源滚滚而来。为了使这种粗糙的牛仔裤让人穿起来舒服一些，他便改用粗厚的斜纹棉布来代替帆布。不久，他又改用法国进口的蓝色厚棉布，这就是蓝色牛仔裤的前身。这种矿工穿的牛仔裤后来逐渐流行起来，当时到美国拓荒的人，如农夫、伐木工人等，在工作时都爱穿这种裤子。到了 20 世纪五六十年代，美国社会掀起怀旧热潮，无论是贩夫走卒还是富商巨贾，都把牛仔裤当作时尚的服装。这股潮流震撼了世界各地的服装界，牛仔裤终于风行全球，成为服装界的宠儿。

随后，斯特劳斯用自己的名字 Levi's 为产品命名。作为牛仔裤的鼻祖，Levi's 一直代表着美国的文化。淘金浪潮使美国成为冒险者的乐园，也在一定程度上促进了经济的发展。Levi's 代表着"自由""进取""独立"的美国文化。本来为淘金者设计的耐磨裤子，却恰巧迎合了人们追求新生活方式的想法。

Levi's 牛仔裤的热爱者在欣赏那份野性和刚毅的同时，又对美国的开拓者精神十分推崇。所以，这个以淘金热为背景的品牌诞生故事也就成为 Levi's 精神的象征，成为它品牌发展的依托。

(5) 从新知识、新技术中产生。

新知识、新技术不断带来具有商业价值的成果或机会。随着互联网知识的普及和技术的进步，围绕"互联网＋创新创业"就带来了许多创业机会。例如，淘宝造就了很多网店创业者，微信造就了很多微商。

案例

80 后空气中"抓"汽油

一到加油站，总能闻到一股刺鼻的汽油味，不仅加油的车主反感，附近居民也提心吊胆觉得不安全。这味道不仅仅是难闻，还会污染城市空气，损害身体健康，有没有办法"抓"住空气中的汽油呢？

80 后的赵新，在研究生学习期间研发出了有机气体分离膜，可将油气和空气分离开。2007 年，赵新开始创业之路，成立南京天膜科技有限公司，主攻从空气中回收汽油。他不仅成功研究出了这项技术，还将它转化为生产力，成为南京年轻的科技型创业家。

赵新正是掌握了先进技术，又抓住了商机，成为积极创业成就人生的典型代表。

(三) 资源整合

资源整合是企业战略调整的手段，也是企业经营管理的日常工作。整合就是要优化资源配置，就是要有进有退、有取有舍，就是要获得整体的最优。

资源整合就是把企业外部既拥有共同的使命又拥有独立经济利益的合作伙伴整合成一个为客户服务的系统，取得"1+1 大于 2"的效果。

创业者能否成功地开发出机会，进而推动创业活动向前发展，通常取决于他们掌握和能整合到的资源，以及对资源的利用能力。对创业者而言，一方面要借助自身的创造性，用有限的资源创造尽可能大的价值；另一方面更要设法获取和整合各类战略资源。许多创业者早期所能获取与利用的资源都相当匮乏，而优秀的创业者在创业过程中所体现出的卓越创业技能之一，就是创造性地整合和运用资源，尤其是那种能够创造竞争优势，并带来持续竞争优势的战略资源。

创业总是和创新、创造及创富联系在一起。一位创业者结合自身创业经历提出了这样的观点：缺少资金、设备、雇员等资源，实际上是一个巨大的优势。因为这会迫使创业者把有限的资源集中于销售，进而为企业带来现金。为了确保公司持续发展，创业者在每个阶段都要问自己，怎样才能用有限的资源获得更多的价值创造。

资源整合的方法如下。

(1) 学会拼凑。

很多创业者都是拼凑高手，他们通过加入一些新元素，与已有的元素重新组合，形成在资源利用方面的创新行为，进而可能带来意想不到的惊喜。创业者通常利用身边能够找到的一切资源进行创业活动，有些资源对他人来说也许是无用的、废弃的，但创业者可以通过自己的独有经验和技巧，加以整合创造。例如，很多高新技术企业的创业者并不是专业科班出身，可能是出于兴趣或其他原因，对某个领域的技术略知一二，却凭借这个略知的"一二"敏锐地发现了机会，并迅速实现了相关资源的整合。

(2) 步步为营。

创业者分多个阶段投入资源并在每个阶段投入最有限的资源，这种做法被称为步步为营。步步为营的策略首先表现为节俭，即设法降低资源的使用量，降低管理成本。但过分强调降低成本会影响产品和服务质量，甚至会制约企业发展。例如，为了求生存和发展，有的创业者不注重环境保护，或者盗用别人的知识产权，甚至以次充好。这样的创业活动尽管短期可能赚取利润，但长期而言，发展潜力有限。所以，需要"有原则地保持节俭"。

(3) 发挥资源杠杆效应。

尽管存在资源约束，但创业者并不会被当前控制或支配的资源所限制。成功的创业者善于利用关键资源的杠杆效应，利用他人或者其他企业的资源来完成自己创业的目的。例如，用一种资源补足另一种资源，产生更高的复合价值；或者利用一种资源撬动和获得其他资源。其实，大公司也不只是一味地积累资源，他们更擅长资源互换，进行资源结构更新和调整，积累战略性资源，这是创业者需要学习的经验。

(4) 设置合理利益机制。

资源通常与利益相关，创业者之所以能够从家庭成员那里获得支持，就因为家庭成员之间不仅是利益相关者，更是利益整体。既然资源与利益相关，创业者在整合资源时，就一定要设计好有助于资源整合的利益机制，借助利益机制把包括潜在的和非直接的资源提供者整合起来，借力发展。因此，整合资源需要关注有利益关系的组织或个人，要尽可能多地找到利益相关者。同时，分析清楚这些组织或个体和自己以及自己想做的事情之间的利益关系。利益关系越强、越直接，整合到资源的可能性就越大，这是资源整合的基本前提。

然而，有了共同的利益或利益共同点，并不意味着就可以顺利实现资源整合。资源整合是多方面的合作，切实的合作需要有各方面利益真正能够实现的预期加以保证，这就要求寻找和设计出多方共赢的机制。对于在长期合作中获益、彼此建立起信任关系的合作，双赢和共赢的机制已经形成，进一步的合作并不难。但对于首次合作，建立共赢机制尤其需要智慧，要让对方看到潜在的收益，为了获取收益而愿意投入资源。因此，创业者在设计共赢机制时，既要帮助对方扩大收益，也要帮助对方降低风险，降低风险本身也是扩大收益。在此基础上，还需要考虑如何建立稳定的信任关系，并加以维护管理。

硅谷是世界最为知名的电子工业集中地，其创业历史可以追溯到 20 世纪 50 年代。择址硅谷的计算机公司已经发展到大约 1500 家，如苹果、英特尔、惠普、思科、朗讯、英伟达等大公司出了无数的科技富翁。即使不在投资人聚集的办公区域，随意走进斯坦福大学附近的街边小楼，你都能发现风险投资机构的名片和广告摆在角落，提醒着你，这是世界上互联网创业最为成熟的地区。

(四) 创业项目

创业项目是指创业者为了达到商业目的，将创业机会与创业资源进行有效整合，指向特定生产服务领域的生产要素的具体组合形式。创业项目是创业机会的载体。创业项目按照行业可以划分为餐饮、服务、零售等门类，按照性质可以划分为互联网创业项目和实体创业项目。从更大的范围来说，加盟一个品牌、开一间小店，也算是创业项目。创业过程中，创业者必须从创业项目的可行性、可信性、风险性、持续性、扩张性、延伸性等方面进行详细的考察，才能更好地保证创业成功。

(五) 创业环境

创业环境是指那些与创业活动相关联的因素的集合，具体包括政府政策、政府项目支持、金融支持、教育与培训、研究开发转移效率、进入壁垒、商务环境和有形基础设施、文化和社会规范等方面。这些环境条件对创业活动的开展和创业企业的发展有重大的影响。

三、常见的创业方法

创业既是复杂的又是灵活的，创业者必须把握创业的机遇，只有选择既有较高回报，又具有创造性的创业方法，才能够实现创业价值。常见的创业方法主要有以下几种。

(一) 加盟创业

加盟创业指采用加盟的方式进行创业，一般是加盟开店。也就是说，加盟商(受许人)与连锁总部(特许人)之间建立一种契约关系，根据契约，总部向加盟商提供一种独特的商业经营特许权，并给予人员训练、组织结构、经营管理、商品采购等方面的指导和帮助，加盟商则向总部支付相应的费用。例如，可以加盟成熟的连锁酒店进行创业，如格林豪泰快捷酒店、如家快捷酒店等。

(二) 网络创业

网络创业是在有网站运营、网店经营之后才产生的一种新型的创业形式，指通过互联网来进行创业。网络创业主要有两种形式：网上开店，即在网上注册成立网络商店；网上加盟，即以某个电子商务网站门店的形式经营，利用母体网站的货源和销售渠道实现自己的经营业务。

随着网络购物的方便性、直观性被人们广泛认可，越来越多的人开始在网上购物。一种点对点、消费者对消费者之间的网络购物模式也开始兴起，如微商、淘宝、天猫、拼多多、云集等，利用微信、淘宝，在线销售商品，引发了个人开网店的热潮。

(三) 团队创业

团队创业是指具有互补性或者有共同兴趣的成员组成团队进行创业。如今，创业已非纯粹追求个人英雄主义的行为，团队创业成功的概率要远高于个人独自创业。一个由研发、技术、市场融资等各方面人员组成、优势互补的创业团队，是创业成功的法宝，对高科技创业企业来说更是如此。

(四) 兼职创业

兼职创业，即在工作之余创业。例如，教师、培训师可选择兼职培训顾问，设计师可自己开设工作室从事设计，撰稿人可向媒体或创作方面发展，会计、财务顾问可代理做账理财，翻译可兼职口译、笔译，律师可兼职法律顾问等。

(五) 大赛创业

大赛创业，即利用各种创业大赛搭建的平台，获得资金等支持进行创业。例如，Yahoo、Netscape 等企业都是从创业竞赛中脱颖而出的，因此，创业大赛也被形象地称为创业孵化器。例如，清华大学王科、邱虹云等组建的视美乐公司，就是在参加第一届"挑战杯"创业大赛过程中成立并发展起来的。

(六) 内部创业

内部创业是指在企业公司的支持下，有创业想法的员工承担公司内部的部分项目或业务，并且和公司共同分享劳动成果的过程。这种创业模式的优势就是创业者无需投资就可获得较多的资源，即使创业失败也不会有过度的心理负担。

(七) 概念创业

概念创业，即凭借创意、点子、想法创业。当然，这些创业概念必须标新立异，至少在计划进入的行业或领域是一个创举，只有这样，才能抢占市场先机，吸引风险投资商的眼球。同时，这些超常规的想法还必须具有可操作性，而非天方夜谭。概念创业具有点石成金的神奇作用，一个点子就能造就一个企业，特别是本身没有很多资源的创业者，可通过独特的创意来获得各种资源。例如，几十年前，美国人弗雷德·史密斯凭着一个想法"隔夜传递"被风险投资家看中，创办了联邦快递。如今，联邦快递已是全球最大的快递运输公司，在全球 200 多个国家和地区开展业务。

案例

"渔"牌服装

　　"渔"牌于 1997 年 3 月随着衣典公司的成立而诞生。从诞生到现在，"渔"牌始终洋溢着以人为本、顺其自然的精神风范，为崇尚自然生活的知识女性找到符合自身特点与向往的时装。"渔"牌力求把每一个女性的本真美丽，用属于这个时代的表达方法演绎出来，为穿着者体现品位和价值，让穿着者真正成为自己内心的主人。"渔"牌于 2003 年荣获第三届中国(深圳)国际品牌服饰交易会"十佳女装"奖、第三届中国(深圳)国际品牌服饰交易会"十佳设计师"奖，自 2005 年开始连续三年荣获中国服装品牌年度大奖"风格大奖"提名奖，2011 年 7 月荣获北京市商业街橱窗展示大赛"优秀奖"，2011 年 7 月荣获第十一届中国(深圳)国际品牌服装服饰交易会"风格品牌奖"，2012 年 1 月荣获安徽省第一届最受消费者喜爱的年度品牌女装。

　　"渔"牌从未停止对中式情节与时尚精髓的追求，不断传承着精细的工艺与技术创新。一针一线的刺绣，绣出无拘无束的轻松，心情也变得光亮起来；立体手工花、水溶浮雕绣花、剪贴绣花，调动一切美丽的元素，让良辰美景变成赏心悦目的心灵之旅，竭尽所能打造无法复制的穿着精品。十余年来，衣典公司一直致力于优秀的设计研发与优良的生产工艺、先进的管理体系相结合，共同打造时尚并具有收藏价值的服饰精品。

 【拓展训练】

　　1. 收集 3～5 个创业成功者的创业案例(视频或文字材料)鲶总结成功创业者必备的创业精神。

　　2. 3～5 个学生组成团队小组鲶设计有关创业的调查问卷鲶在校园及周边开展实际调研鲶进行统计分析鲶写出分析报告鲶并完成一个适合大学生校园创业项目的调查、分析、策划以及实施方案。

任务二　创业者与创业团队

知识目标

　　1. 掌握创业者的基础知识

　　2. 掌握创业者应具备的素质和能力

　　3. 掌握创业团队的 5P 要素

　　4. 了解创业团队对创业的重要性

　　5. 掌握组建优秀创业团队的技巧和策略

能力目标

1. 能够理性地认识创业者
2. 能够从创业者的角度自我评估鲕增强自我创业能力
3. 能够科学管理创业团队

一、创业者的基础知识

(一) 创业者的含义

创业者是指发现某种信息、资源、机会或掌握某种技术，利用或借用相应载体，将其发现的信息、资源、机会或掌握的技术，以一定的方式转化创造成更多的财富、价值，并实现某种追求或目标的人。创业者应具备以下特征：创业者是有创新能力的人；创业者是具有使命、荣誉、责任和能力的人；创业者是组织、运用服务、技术和设备开展作业的人；创业者是具有思考、推理、判断、决策能力的人；创业者是具有感召力、拥有追随者，并具有盈利能力的人；创业者是具有行使权利和完全行为能力的人。

丘吉尔曾说过："成功根本没有秘诀，如有的话，就只有两个：一是坚持到底，永不放弃；二是当你想放弃的时候，请回过头来再照着第一个秘诀去做。"马云说："对所有创业者来说，永远告诉自己的一句话是，从创业的第一天起，你每天要面对的是困难和失败，而不是成功，困难不是不能躲避，但不能让别人替你扛，任何困难都必须由你自己去面对。"

案例

创业精神指数

创业精神指数排前 10 名的城市是温州、深圳、北京、泉州、重庆、台州、镇江、中山、惠州、佛山。

白天当老板，晚上睡地板。

"胆大包天"：参股组建中国东方航空武汉有限公司。

"胆大包地"：出资 6040 万元买下 5.9 亩土地使用权。

"胆大包海"：斥资 50 亿元买下阿联酋三座海上小岛。

"胆大包江"：包下水域面积 3 万余亩的楠溪江渔业经营权。

"零资源现象""零技术现象""零生产现象"。

"小题大做"：把不起眼的纽扣、打火机做成知名品牌。

在现实生活里，创业者呈现出高于一般人的商业才能，其不只体现在创办一家企业，更是在整个组织的发展壮大过程中，始终能够果断进行决策，第一时间解决存在的问题，随时调整企业发展方向，使企业长期保持旺盛的生命力，从而提高企业在所处行业中的影响力。经济学家坎迪隆说："冒险是企业家精神的天性。"美国 3 M 公司的名言："为了发现王子，你必须和无数个青蛙接吻。"华为公司创始人兼总裁任正非说："企业发展就是要发展一批狼。狼有三大特性：一是敏锐的嗅觉；二是不屈不挠、奋不顾身的进攻精神；三是群体奋斗的意识。"谭劲松说:"企业家精神是一种特殊的思维倾向,一种独特的世界观,一种积极的冒险精神以及自我实现和完善的终极手段。"大多数经济学家都认为,创业精神是在各类社会中刺激经济增长和创造就业机会的一个必要因素。20世纪的经济学家约瑟夫·熊彼特将创业精神看作一股"创造性的破坏"力量。新古典经济学的奠基人马歇尔认为,企业家精神是一种个人特征,包括"果断、机智、谨慎和坚定""自力更生、坚强、敏捷并富有进取心"以及"对优越性的强烈渴望"。

案例

打工者何以变成亿万富翁

讨论:你认为以下视频案例中的创业者具备哪些过人的素质?

视频地址:http://v.youku.com/v_show/id_XMTg0MjQzNjUy.html

以案例说明创业者需要具有怎样的素质,以及如何培养或改进这些素质。

二、创业者的类型

按照不同的标准,创业者可以划分为不同的类型。

(一) 按角色和作用来分

1. 独立创业者

独立创业者是自己出资和开展管理的创业者。独自创业的过程中,机遇和挑战并存,创业者可以充分发挥主观能动性,激发聪明才智和创新能力,可以以自己选定工作和生活方式,追求自身价值,完全遵从个人意愿,进而实现创业理想和抱负。但独立创业存在较大的难度和风险,缺乏管理经验,资金、技术、社会资源、客户开发困难,生存压力很大。

2. 团队创业者

团队创业者是指由一个有共同的目标、才能互补、共担责任的几人或几十人组成的集体。在这样的创业团队中,有带领团队成员创业的主导创业者,其他成员是参与创业者,也称跟随创业者。例如,在美国,一份关于104家高科技企业的研究报告指出,在年销售额达到1500万美元以上的企业中,有84%是以团队形式建立的。

显而易见,具备才能互补、资源共享优势的团队创业者比个人单打独斗拥有更广阔的发展和提升空间。然而,团队创业也存在思想认识不统一、创业过程中一旦出现分歧容易分崩离析的风险。所以,还是要根据创业目标来选择具体创业模式。

(二) 按创业背景和动机来分

1. 生存型创业者

此类创业者或许在创业的初始阶段并无具体概念以及高远的理想与梦想,完全出于对生存的渴望与家庭责任感,依靠勤奋与努力,在创业过程中一边积累财富和经验、品格与人脉,一边努力做大、做强,不断把握创业机遇,开创适合自身的持久创业发展路径,进而成就事业，获得成功。其中，最为典型的案例就是蜚声世界的亚洲首富李嘉诚。

这一类型的创业者多为待就业的大学毕业生、城市下岗职工，还有到都市圈谋求发展的农民。清华大学的一份调查报告表明，这类创业者约占我国创业者总数的90%。

案例

创业者 —— 郭敬明

郭敬明，这个伴随着80后成长的名字，如今他的小说也影响着90后，并开始被00后所喜爱。我们在这里不评判郭敬明的文学水平和导演水平，单以一个创业者的身份来看，他是极其成功的。

郭敬明大学时期便开始创业，虽然他常年霸占着中国作家收入排行榜榜首，但是他在商业上的成功甚至让他的作家身份也黯然失色。如果你只是觉得这个瘦弱的男人只会写一些华而不实的文字，那么你就太小看他了，郭敬明绝对有着惊人的商业嗅觉。郭敬明在大学时便成立了"岛"工作室，出版了一系列针对自己小说受众的杂志与期刊，而后成立柯艾文化传播有限公司，逐渐建立起自己的商业版图。

另外，以今天各个期刊纷纷转型产业链服务来看，郭敬明早在2005年就察觉到了这一点，从那时起他就为刊物读者提供"立体服务"，如推出音乐小说《迷藏》、推出小说主题的写真集、拍摄《梦里花落知多少》偶像剧等，在青春读物的基础上打造了一条属于自己受众的文化消费产业链，开始深耕产业布局。

案例

创业者 —— 王兴

一提到王兴，很多人脑海中首先想到的一个词语就是连环创业者，因为他是校内网、饭否网、美团网这三个网站的联合创始人。除此之外，他还有另外一层身份，即大学生创业者，也就是在毕业之后，没有丰富的职业履历就开始创业的人。

他是人们口中的天才少年，高中没有参加高考就被保送到清华大学，毕业后拿到全额奖学金，去了美国特拉华大学，师从第一位获得MIT计算机科学博士学位的中国学者高光荣，随后归国创业。在前一两次不算成功的创业项目之后，王兴创立了中国版Facebook校内网，并很快风靡于大学校园圈之中。校内网于2006年10月被千橡以200万美元收购。2007年5月12日，王兴创办饭否网，但饭否网就在发展势头一片良好之际被关闭，让王兴事业受到挫折。之后王兴于2010年3月上线新项目美团网，并在千团大战之中脱颖而出，稳居行业前三，并先后获得红杉和阿里的两轮数千万美金的融资，这个连环创业客的事业正逐渐走上正轨。

2. 变现型创业者

这类创业者多是曾在国家行政与事业单位担任较高职务，或是在国企、民营企业担任管理者时，积累了较多的人脉和资源，在合适的时机，独立开办公司。这其实是把之前积累的资源和人际关系进行变现，把过去的无形资源解化升级成具体的物质资源。在20世纪 80 年代末至 90 年代中，第一类变现者最多，现在第二类变现者占多数。

3. 主动型创业者

这类创业者还可分为两类：盲动型创业者和冷静型创业者。

盲动型创业者大多自信果断，容易冲动，很容易因缺乏考虑而遭遇挫折，不过一旦果断抓住机遇、正确决策，也会成就一番事业。

冷静型创业者是创业者中的精华，特点在于三思而后行，深思熟虑，谋定而后动，往往在掌握资源和技术之后才行动，因此成功概率较大。这类创业者有明确的梦想和目标，精力充沛，激情四射，也许创业者并无权势背景和财富积累，但其仅依靠自身的直觉、判断、优势、坚持和号召力不懈努力，就能吸引更多的志趣相投的人加入团队，从而聚拢更多的优势资源，挖掘更多的投资机会，成就创业梦想。

三、寻找创业动机

乔布斯曾说过："如果你没有对某一件事情充满激情，就不应该创业，绝不要为了创业而创业。"马云说："创业时，你一定要坚持自己的梦想，给梦想一个实践的机会。"

(一) 创业动机概述

常言道"但凡事出，必有原因"，这里所讲的原因即为动机。动机和需要是密不可分的，如果需要是人类活动的基本动力和根源，那动机则是促使产生行为的直接力量。行为学家指出："需要产生动机，进而导致行为。"因此，创业的直接动机就是需要。

(二) 创业动机的分类

美国社会心理学家马斯洛指出，人的需要是分层次而言的，从低到高分别是生理需求、安全需求、社交需求、尊重需求和自我实现五个层次，人的行为动机都是以满足和达成自身的某种需要而生的。因此，各个阶层的创业者进行创业，一般有以下几种动机。

1. 生存的需要

鲁迅先生说，我们一要生存，二要温饱，三要发展。这说明生存是人类的头等需要。当一个人丧失就业机会，为养家糊口、吃饱穿暖而不得不进行创业时，此类创业的动机就是为了生存的需要。

2. 利益的驱动

还有一些人认为替别人打工、挣微薄薪水难以实现财富积累，无法短期内改善生活。同时，不少创业成功人士的成功案例也激发了他们的创业热情。为了实现脱贫致富，他们加入了创业的大军。假如创业成功，不但物质收益丰厚，社会地位、知名度、尊严等都会有质的飞跃。这不是拜金主义，只要诚实守信、遵纪守法，以获得物质财富为目的的创业动机都是值得鼓励的。

3. 压力的驱使

"有压力才有动力。"压力可以激起人们的潜在动力与斗志，而往往人在斗志昂扬的状态下，会比活在"舒适区"无压力的人更具动力。目前我国高校毕业生就业形势非常严峻,就业存在一定的压力。为解决这种状况,一些毕业生投入创业的大潮中。同时,来自生活的压力也是高校毕业生自主创业的原因之一。很多待就业的高职和本科毕业生都生活在城市中,尤其是在大中型城市,工资的增长速度"跑不赢"物价与房价的增长速度,这给大学毕业生带来了巨大的生存压力。所以,他们不放过每个实现自我价值的机遇,选择自主创业,希望通过创业的成功,改善自己的生活状态。

4. 积累经验和阅历

毛泽东同志曾指出,你要知道梨子的滋味,就得亲口尝一尝。这就说明了实践的重要性,"纸上得来终觉浅,绝知此事要躬行"。所以,大学生为了丰富自己的实践经验和社会阅历,或是为了自己日后发展进行资金储备,在条件允许的情况下,应利用课余时间开展创业活动,让自己更快成熟起来。

5. 实现理想和抱负

麦可思的"2010 大学生就业与培养质量"的调查报告数据显示,在大学毕业生自主创业的动机中,实现自己设定的理想和抱负是这类人群开展创业活动的首要动力,本科和高职分别占 41%和 42%。

例如,在心理学研究中、大学期间是一个人思维创造力最活跃的阶段,他们对创新充满热情,受到的约束和束缚较少,思维活跃且创新意识强烈。在新人本主义需要理论中,人一般存在三种心理需要,即生存(Existence)的需要、相互关系(Relateness)的需要和成长发展(Growth)的需要,简称 ERG 理论,他们强烈需要实现各方面的成长。

创业动机没有对与错,也并非是创业成功的决定性因素。创业的重点,在于创业者一定要对自己的创业动机心中有数,清楚究竟为什么会选择创业之路。因为明确了创业动机,才会坚定创业决心,才会有助于创业成功。

但总体来看,全世界知名的企业家都有着非常明确的目标和方案,因为一家公司想要获得成功,必须要有未来发展愿景。一旦具备了创业梦想,创业者克服各类困难、实现梦想的过程就是享受人生挑战和追求成功的过程。所以,对毕业生来说,创业既是一项挑战,更是获得广阔的发展空间的机会。

四、创业团队的创建

(一) 创业团队的概念

创业团队是为进行创业而形成的集体。它使各成员联合起来,在行为上形成彼此影响的交互作用,在心理上意识到其他成员的存在及彼此相互归属的感受和工作精神。这种集体不同于一般意义上的社会团体,它存在于企业之中,因创业的关系而连接起来却又超乎个人、领导和组织之外。优秀创业团队具有的基本因素有:一个胜任的团队带头人;彼此十分熟悉,能够相互很好地配合的团队成员;创业所必需的足够的相关技能。

良好的创业团队是创建新企业的基本前提,创业团队的优劣基本上决定了创业是否能成功。有效工作的团队如同一支成功的足球队,全体队员只有各就其位,各司其职,同时密切配合,才能发挥整体效能。

案例

第一团队

在美国接受教育并且工作多年的沈南鹏、梁建章，与接触过国外文化的民营企业家季琦、国有企业管理者范敏，构成了中国企业史上的一个奇妙组合。

1999年，四人创立了携程网；2002年，四人创立了如家。

在中国的企业家中，三年内两次把自己创办的企业送进美国纳斯达克股市，他们是纪录的创造者，所以，这四个人堪称"第一团队"。

季琦——团队的实干者和推动者。从1997年开始，季琦做过很多生意，然后认识梁建章，成为好友，决定共同创业。

梁建章——团队的信息者和技术者。梁建章是原甲骨文中国区咨询总监，他看到美国互联网发展迅速，提议做网站。

沈南鹏——团队的监督者和完美者。沈南鹏是当时德意志银行的董事，是季琦同届的校友，与梁建章在美国相识。

范敏——团队的行业专家。范敏在当时已在旅游业工作了10年，时任大陆饭店的总经理，待遇优厚。范敏是季琦的校友，他是通过多人辗转找到，三顾茅庐挖来的。

四人按照各自的专长组成"梦幻组合"：梁建章任首席执行官，沈南鹏任首席财务官，季琦任总裁，范敏任执行副总裁。

在"第一团队"的组合里，没有"皇帝"，也没有"大哥"；他们虽有同学之谊、朋友之情，但性格、爱好迥然不同，经历各异；他们创立的携程和如家虽然经历了多次高层人事变更，却从来没有发生过震荡，都在纳斯达克成功上市，并且一直保持着优异的业绩；他们为中国企业树立了一个高效团队的榜样，最终获得了共赢的局面。

(二) 创业团队的要素

创业团队需要具备以下五个关键要素，俗称5P要素。

1. 目标(Purposr)

创业团队必须要有一个既定的共同目标，该目标为团队成员指引方向。目标在创业企业的管理中以企业的愿景、战略的形式体现。没有目标，这个团队就没有存在的价值。缺乏共同的目标，将使团队没有凝聚力和持续发展力。

2. 人(Peope)

创业的共同目标是通过人来实现的，不同的人通过分工来共同完成创业团队的目标。人是构成创业团队最核心的力量，两个或两个以上的人就可以构成团队。在新创企业中，人力资源是所有创业资源中最活跃、最重要的资源，所以人员的选择是创业团队建设中非常重要的一个部分，创业者应该充分考虑团队成员的能力、性格、经验等方面的因素。

3. 定位(Place)

创业团队的定位包含两层意思：一是团队的定位；二是成员(创业者)的定位，作为创业团队中的成员在团队中扮演什么角色，即创业团队的角色分工问题。定位问题关系到每一个成员是否对自身的优、劣势有清醒的认识。创业活动的成功推进，需要整个创业团队能够各司其职，优势互补，共同形成向上的合力。

4. 权限(Power)

权限是指新创企业中职责、权力的划分与管理。一般来说，团队的权限与企业的大小、正规程度相关。在新创企业的团队中，核心领导者的权力很大，但随着企业的发展，核心领导者的权限会降低，这是一个团队成熟的表现。

5. 计划(Plan)

计划有两层含义：一方面是为保证目标的实现而制订的具体实施方案，另一方面计划在实施中又会分解出细节性的计划，需要团队成员共同努力完成。

以上是团队构成的 5P 要素，但是创业之初，创业者往往会面临很多困难，团队建设并不像想象中的那样简单，需要创业者有充分的心理准备。有时创业过程会与团队组建一起完成，由于创业活动的特殊性，创业团队不必具备每一个因素。随着企业的逐步成熟，团队建设也应该逐步完善。创业者应当时刻记得"三个臭皮匠，顶个诸葛亮"这句俗话，因为它说明了创业团队的重要性。

(三) 寻找合适的合作伙伴

创业者怎样选好人、用好人，最大限度地调动人的积极性、创造性和主观能动性，使企业的骨干力量组建成一个团结合作、奋发向上的优秀团队，是一个企业能否在市场经济的大潮中乘风破浪、砥砺前行的关键。创业团队的组建没有统一的程式化规程。实际上，有多少创业团队就有多少种团队建立方式，没有任何创业团队的组建是可以复制的。

创业者走到一起，多是机缘巧合、兴趣相同、技术相同，同事和朋友甚至是有相同想法的人都可以共同创业。关于创业团队的成员，马云曾经说过，"创业要找最合适的人，不要找最好的人"。一支豪华的创业团队，所创企业并不一定就是最好的企业。那么，创业者该如何组建一支适合自己的创业团队呢？

案例

创业黄金团队 —— 腾讯五虎将

在中国，腾讯公司因为 QQ 而家喻户晓，但少有人知道该公司的创业团队是如何组建的。为避免彼此间争夺权力，在创立腾讯之初，马化腾就和四个伙伴约定清楚，各展所长。其中，马化腾担任 CEO(首席执行官)，张志东担任 CTO(首席技术官)，曾李青担任 COO(首席运营官)，许晨晔担任 CIO(首席信息官)，陈一丹担任 CAO(首席行政官)。

都说"一山不容二虎"，尤其在企业迅速壮大的过程中，要保持创始人团队的建立、稳定合作尤其不容易。在这个背后，工程师出身的马化腾从一开始对于合作框架的理性设计功不可没。

从股份构成上来看，创业之初，五个人一共凑了 50 万元，其中马化腾出了 23.75 万元，占 47.5%的股份；张志东出了 10 万元，占 20%的股份；曾李青出了 6.25 万元，占 12.5%

的股份；其他两人各出 5 万元，各占 10% 的股份。

虽然主要资金都由马化腾所出，他却自愿把所占股份降到一半以下，"要他们的总和比我多一点，不要形成一种垄断、独裁的局面"；而同时，他又一定要出主要资金，占大股。"如果没有一个主心骨，股份大家平分，到时候也肯定会出问题，同样完蛋。"

保持稳定的另一个关键因素，就在于搭档之间的"合理组合"。马化腾也曾经考虑过和张志东、曾李青三个人均分股份的方法，但最后还是采取了五人创业队根据分工占据不同股份的方法，即便后来有人想加钱，占更大的股份马化腾也没有同意。因为在马化腾看来，未来的潜力要和应有的股份匹配，不匹配就要出问题，如果拿大股的人不做事，做事的人股份又少，矛盾就会发生。

在准确进行自我评估的基础上，创业者在寻找合作伙伴、组建团队时，要考虑其他成员与自己及其他成员之间在各个方面的搭配。创业者首先应制订一份计划，至少应该在心里有一个明确的想法：需要哪方面的人员、希望他从事什么样的工作、能够给予对方哪些有利条件等，都应该考虑清楚。创业者在寻找合适的创业伙伴时，应遵循以下几个原则。

1. 相似性原则

心理学研究发现，当其他人在不同方面与自己具有相似性时，人们会感到舒坦，而且也趋向于喜欢那些人，这就是"相似性导致喜欢"原则。毫无疑问，创业者也会遵循这一原则。事实上，多数创业者确实会倾向于选择那些在背景、教育、经验上与他们相似的人组成团队。这样做的好处是容易彼此了解，促进成员之间的沟通，有助于形成良好的人际关系和达成一致；但缺点也非常明显，即他们在知识、技能、社会关系网络等资源的拥有上容易形成重叠，不利于创业企业对资源的广泛需求与利用。一般主张在个人特征和动机等方面考虑相似性原则。

2. 互补性原则

创业者之所以寻求团队合作，其目的就在于弥补创业目标与自身能力间的差距，尽可能地实现角色齐全。只有当团队成员在知识、能力、性格、人际关系资源或技术等方面实现互补时，才有利于充分发挥个人优势，拓宽团队所掌握的资源，并通过相互协作发挥出"1＋1＞2"的协同效应，形成一个优秀的创业团队。

携程创业团队的合理搭配

携程计算机技术(上海)有限公司总裁季琦曾经这样评价团队的重要性：携程网的成功，除了抓住当初互联网快速发展的契机外，有一个良好的创业团队是关键。

携程网的团队成员来自美国 Oracle 公司、德意志银行和上海旅行社等，是技术、管理、金融运作、旅游的完美结合。它的四位创始人具备不同的履历、教育背景和能力专长：季琦是一位充满激情而又善于发掘机会的"创业狂"，梁建章是一位从技术转到市场的计算机天才，沈南鹏是一位不走寻常路的资本高手，范敏是一位来自旅游业、有着国企管理经验的管理专家。

合理又互补的人力资源搭配，保证了携程网在创业初期能按照正确的经管理念发展，并成功吸引到了 800 万美元的风险投资基金，进而做大、做强。

研究表明，大多数大学生创业团队在组建时并不考虑成员的专业能力的多样性，或者资源结构的合理性，而大多是因为有相同的技术能力或兴趣，至于管理、营销、财务等能力则较为缺乏。因此，想使创业团队能够发挥最大的能量，在创建团队之初，不仅要考虑相互之间的关系，更重要的是要考虑成员之间的能力或技术上的互补性，包括专业方向、管理风格、决策风格、思维方式、经验和性格，以及未来的价值分配模式等特点的互补，以此来达到团队的平衡。

实践证明，一个优秀的团队由以下几人组成：一个创新意识非常强的人，可以决定创业项目未来的发展方向，相当于战略决策者；一个策划能力极强的人，能够全面、周到地分析整个项目面临的机遇与风险，考虑成本、投资、收益的来源及预期收益，甚至还包括企业管理规范章程、长远规划设计等工作；一个执行能力较强的成员，具体负责下面的执行过程，包括联系客户、接触终端消费者、拓展市场等；一个掌握必要的财务、法律、审计等方面知识的人。

当然，在团队形成之初，并不需要以上各方面的成员全部具备。在必要时，一个或多个成员去学习团队所缺乏的某种技能，从而使团队充分发挥其潜能的事情并不少见。

3. 同价值观原则

只有在价值认同上一致，团队有共同的目标和努力方向，才能有统一的思路和理念。价值观决定了创业的性质和宗旨，也决定了创业的目标和行为准则，还指导着团队成员如何工作和如何取得成功，这实际上就是在企业文化上的认同。另外，合作伙伴的品格也是重点考虑的因素，是否值得信赖。常言说，"合伙人，合的不是钱，而是人品与规则"，说明了人品和规则的重要性。

(四) 确立核心人物

组建创业团队最关键的人自然是企业的领军人物。但凡成功的创业团队，都要有一个核心人物，就是这个团队的领导者。在企业初创期，主导创业者就是这个领导者，而一个团队的绩效如何，关键取决于这个领导者的胸怀和魅力。

作为企业的精神领袖，核心人物凭借其在团队中的威信和主导作用，能及时协调、平衡团队成员之间的分歧，鼓舞团队成员的斗志，调整团队成员的创业心态，让一些重大问题较容易达成共识。

"创业教育之父"杰弗里·蒂蒙斯曾说过，创业团队应由一位非常有能力的创业带头人建立和领导，他的业绩记录不仅向我们展示了成就，还体现出一个团队必须拥有的品质。作为一位领跑者和企业文化的创造者，创业带头人是团队的核心，他既是队员，也是教练。吸引其他关键成员，然后建立起团队，这样的能力和技巧，是投资家苦于寻找的非常有价值的东西之一。

就像电影《中国合伙人》中呈现的那样，当团队成员的个人追求与企业追求一致时，也就是对企业文化的进一步认可，这样个人就会融入团队中，增强团队的凝聚力；如果团队成员缺乏共同理念，就极容易导致个人主义情绪滋生和蔓延，最终导致企业的失败。

(五) 签订合伙协议

合伙协议是创业者在找到创业伙伴时必然要思考、讨论、制订、执行的公司的第一份契约，其中包括团队成员的股权分配制度以及"退出机制"。俗话说，"先小人后君子""亲兄弟也要明算账"。团队合伙要想成功和合作愉快，必须在合伙之前签好创业契约(合伙协议)。凡涉及权利义务与利益分配问题，先说清楚，讲明白，不能感情用事，也不能回避不谈。

典型的合伙协议应该说明具体目的，说明每个合伙人有形的资产、财产、设备、专利等和无形的服务、特有技术，把最基本的责、权、利说明白、讲透彻，尤其是股权、利益分配更要说清楚，包括增资、扩股、融资、人事安排等。合伙双方以什么样的方式结束合伙关系，一定要在协议书中写明，即制定"退出机制"。这样，在企业发展壮大后，才不会出现因利益、股权等分配分歧而产生团队之间的矛盾，导致创业团队的涣散。谷歌、雅虎、如家、南极人、小红书等都是这方面的成功案例。

(六) 创业团队的管理

1. 团队管理技巧和策略

新创企业的管理，实际上包含公司组织、生产服务、市场营销等几个方面。新企业的管理重点一般会落在生产、管理、服务等环节上，而忽视团队的建设与管理，这种做法是不科学的。那么如何管理创业团队呢？

(1) 保持沟通顺畅。

沟通是有效管理团队的重要内容之一。杰克·韦尔奇说，"竞争、竞争、再竞争；沟通、沟通、再沟通"，通畅的沟通机制是企业不断前进的命脉。

良好的沟通可以保持信息的畅通，实现信息共享，避免因为信息缺失而出现错误。

沟通可以化解矛盾，增强团队成员彼此之间的信任。缺少沟通会导致相互猜疑、相互抱怨，最后可能导致团队的分裂；而情感上的相互信任是一个团队最坚实的合作基础。

沟通可以有效地解决认知性冲突，提高团队决策的质量，促进决策方案的执行。优秀的团队并不回避不同的意见，而是进行充分的沟通和交流，鼓励创造性思维，提高团队决策质量。这也有助于推动团队成员对决策方案的理解和执行，提高组织绩效。

(2) 让合适的人做合适的事。

从人力资源管理上"人岗匹配"的原则来说，让合适的人做合适的事，是科学的用人原则。这样做的结果对个人来说，可以充分调动团队成员的潜能，激发其工作热情，将个人的优势发挥得淋漓尽致；对团队来说，扬长避短无疑是提高效率的最佳配置方式。

(3) 注重团队凝聚力。

团队的凝聚力是指团队成员之间为实现共同目标而团结协作的程度，表现在人们的个体动机行为对群体目标任务所具有的信赖性、依从性乃至服从性上。在创业过程中，团队所有成员都认同整个团队是一股密切联系而又缺一不可的力量，团队的利益高于团队每一位成员的利益。如果团队成员能够为团队的利益而舍弃自己的小利，团队的凝聚力就会极强。

(4) 建立分享与激励机制。

激励是团队管理中极为重要的内容，直接关系到创业企业的生死存亡。如何对创业团队进行有效的激励，现在还没有固定的程序可以套用，但可以通过授权、股权激励、薪酬机制等诸多手段来实现。

薪酬是实现有效激励最主要的手段，所以在设计薪酬制度时，应考虑到差异原则、绩效原则、灵活原则。其最终目的是通过合理的报酬让团队成员产生一种公平感，激发和促进创业团队成员的积极性，实现对创业团队的有效激励。在新创企业中，股权激励一般的做法是将公司的股份预留出10%~20%，作为吸引新的团队成员的股份。团队中不仅要有资金的分享，还要有理念、观点、解决方案的分享。

(5) 建立决策机制。

要成为一个具有凝聚力的团队，团队核心人物(决策者)必须学会在没有完善的信息、团队成员没有统一的意见时做出决策，而且承担决策产生的后果。而正因为完善的信息和绝对的一致非常罕见，决策机制就成为一个团队能否成功极为关键的因素之一。只有当团队成员彼此之间热烈地、不设防地争论，直率地说出自己的想法时，团队核心人物才可能有信心做出充分集中集体智慧的决策。

(6) 全力以赴地保证执行力。

在团队里，也许并不需要每个团队成员都异常聪明，因为过度聪明往往会导致自我意识膨胀，好大喜功；相反，却需要每个人都具有强烈的责任心和事业心，对于公司制订的业务计划和目标能够在理解、把握的基础上，细化、量化自己的工作，坚定不移地贯彻执行下去，对于过程中的每一个运作细节和每一个项目流程都要落到实处。

有了决策，还需要严格地执行，执行力也是一种显著的生产力。例如，《把信送给加西亚》中的上尉罗文在接过美国总统的信时，不知道加西亚在哪里，只知道自己唯一要做的事是进入一个危机四伏的国家并找到这个人。他二话没说，没有提任何要求，只是接过信，转过身，立即行动。他奋不顾身，排除一切干扰，想尽一切办法，用最快的速度完成了任务。

(7) 制定严格的规章制度。

"没有规矩，不成方圆。"一个初创团队，如果没有严格的规章制度(如绩效考核制度、财务管理制度、行政管理制度等)作为运转保障，就会成为一盘散沙。所以，在创业之初就要把最基本的责、权、利说明白、透彻，不要碍于情面而含含糊糊。规章制度所具有的明确性的特点，有助于规范团队内部各成员的行为，使每个人都能恪尽职守，各司其职，避免新创企业中经常出现的团队成员职、责、权混淆的情况，避免出现因职、责、权、利等的分配分歧而导致创业团队的解散。

2. 创业团队的自我评估

失败案例

"第一研究生面馆"四个月倒闭

2010年12月，某高校食品科学系六名研究生声称自筹资金20万元，在成都著名景观——琴台故径边上开起了"六味面馆"。

第一家店还未开张，六位股东就打算五年后在成都开20家连锁店，到时候和肯德基、麦当劳较量较量。

由于面馆长时间处于粗放式管理和经营欠佳的状况，这家在成都号称"第一研究生面馆"仅仅经营了四个多月，就不得不草草收场。

通过"第一研究生面馆"创业失败的案例，我们可以看到隔行如隔山，在既无相关行业知识和技能，又无管理时间和经验的情况下就草率地开始创业，其一开始就注定了失败。创业必须要在充分且正确认识自身条件与相关环境的基础上进行，所以在开始真正创办企业之前，创业者必须判断自己是否适合创业、是否具备创办企业的资源和条件、具有多少创业者潜力等；如果适合创办企业，那么还要了解自己拥有什么、喜欢什么、擅长什么、欠缺什么。大学生创业前，应从以下几个方面进行自我评估。

(1) 创业动机。

思考"我为什么要创办企业""未来企业发展的目标是什么""是否有足够的决心""是否愿意承担风险""过去的利益是否舍得放弃""想要从创业中最终获得什么""想要把企业做到何种程度""打算为创建企业付出多少，得到多少"。只有了解了自己的各项动机后，才能坚定创业的决心，才能有针对性地选择合作伙伴。否则，合作者之间由于创业动机的差异，会为企业带来不同的隐患。

(2) 创业特质。

认识"我是个什么样的人，具有什么样的性格特征"，这是自我评估中最难的一项，因为最了解自己的人是自己，最不了解自己的人也是自己。人的性格具有多面性、复杂性和不确定性。人们一般都是从他人对自己的评价中了解自己，在他人评价与自我认知之间往往具有一定的差距。即便是自我认识，也会在不同时期发生变化。尽管如此，自己是什么类型的人还是可以确定的，一些小的偏差可以在行为过程中加以修正。要了解自己的个性特征，需要从这几个维度来考量：事业心和进取精神、责任心、内向性、外向性、友好性、情绪稳定性、面对问题时的态度和处理问题的方法等。

(3) 专业知识。

分析自己接受的教育水平、专业背景、工作经历、职业培训等，认识到自己知道什么、不知道什么、熟悉什么、不熟悉什么、拥有哪些经验、缺乏哪些经验。找到自身与拟创企业所需之间的差距，积极寻找适当的方法来弥补。

(4) 专业技能。

拥有知识不一定就拥有相应的技能。针对拟创企业的行业特点，一要了解自己目前掌握了什么相关技术、将来能够掌握什么技术；二要了解自己的能力状况、自己有哪些管理经验、这些经验用在拟创企业中是否有效、擅长做什么、不擅长做什么、哪些方面是弱项、哪些方面是强项，客观冷静地分析和认识自己。只有这样，才能找到最适合自己的创业领域。

例如，盖洛普倾其一生的研究，发现了人才成功的定律："找到你的优势，然后放大你的优势。"大部分成功的人，都是在自己喜欢或擅长的领域里将自己的优势发挥到极致。

(5) 创业资源。

创业的前提条件之一就是创业者拥有或者能够支配一定的资源。创业者应该清楚地审视自己所拥有或能够使用的一切资源的情况，评估是否足以支持创业的启动和创业成功之后的可持续发展。这里所说的资源，不仅指经济上的资金，还包括社会关系，即自己既有的人际关系以及进一步扩展可能带来的各种具有支持性的社会资源。

 【拓展训练】

创业潜力测评

测评说明：做下列测试，可帮助你判断自己是否适合创业和创业者潜力大小。本测试由一系列陈述句组成，请根据实际情况，从"是"和"否"中选择最符合自己特征的答案。选择时，一定要根据第一印象回答，不必做过多的思考。

测评题：

1. 你是否曾经为了某个理想而设下两年以上的长期计划，并且按计划执行直到完成？

2. 在学校和家庭生活中，你是否能在没有父母及老师的督促下，自觉地完成分派的任务？

3. 你是否喜欢独自完成自己的工作，并且做得很好？

4. 当你与朋友在一起时，你的朋友是否会时常寻求你的指导和建议？你是否曾被推举为领导者？

5. 求学时期，你有没有赚钱的经验？你喜欢储蓄吗？

6. 你是否能够专注地投入个人兴趣连续 10 小时以上？

7. 你是否习惯保存重要资料，并且井井有条地整理它们，以备需要时可以随时提取查阅？

8. 在平时生活中，你是否热衷于社会服务工作？你关心别人的需求吗？

9. 你是否喜欢音乐、艺术、体育及各种活动课程？

10. 在求学期间，你是否曾经带动同学完成一项由你领导的大型活动，如运动会、歌唱比赛等？

11. 你喜欢在竞争中生存吗？

12. 当你为别人工作时，发现其管理方式不当，你是否会想出适当的管理方式并建议对方改进？

13. 当你需要别人帮助时，你是否能充满自信地要求，并且说服别人来帮助你？

14. 你在募捐或义卖时，是不是充满自信而不害羞？

15. 当你要完成一项重要工作时，你是否总是给自己足够的时间去仔细地完成，而绝不会让时间虚度，在匆忙中草率完成？

16. 参加重要聚会时，你是否能准时赴约？

17. 你是否有能力安排一个恰当的环境，使你在工作时能不受干扰，有效地专心工作？

18. 你交往的朋友中，是否有许多有成就、有智慧、有眼光、有远见、老成稳重型的人？

19. 你在工作或学习团体中，被认为是受欢迎的人吗？

20. 你自认是一个理财高手吗？

21. 你是否可以为了赚钱而牺牲个人娱乐？

22. 你是否总是独自挑起责任的担子，彻底了解工作目标并认真完成工作？

23. 在工作时，你是否有足够的耐心与耐力？

24. 你是否能在很短的时间内结交许多朋友？

测评标准： 选择"是"得 1 分，选择"否"不记分。

统计分数，参照以下答案。

0～5 分：目前不适合自己创业，应当先为别人工作，并学习技术和专业技能。

6～10 分：需要在旁人指导下创业，才有创业成功的机会。

11～15 分：非常适合自己创业，但是在"否"的答案中，必须分析出自己的问题并加以纠正。

16～20 分：个性中的特质足以使你从小事业慢慢开始，并从妥善处理中获得经验，成为成功的创业者。

21～24 分：有无限的潜能，只要懂得掌握时机和运气，你将可能是未来的商业巨子。

当然，本测试结果仅供参考，因为一个人创业能否成功会受到很多因素的制约。

第五部分 创业计划书

任务一 创业计划书概述

知识目标

1. 了解创业计划书的概念和作用
2. 熟悉创业计划书的基本结构

能力目标

1. 能够编写创业计划书提纲
2. 学会整理相关的资料、资质和报表

一、创业计划书的概念

创业计划书又称商业计划书，是指创业者就某一具有市场前景的新产品或服务向风险投资者游说，以取得风险投资的商业可行性报告。创业计划书是创业者叩响投资者大门的"敲门砖"，是创业者计划创立的业务的书面摘要，一份优秀的创业计划书往往会使创业者达到事半功倍的效果。

二、创业计划书的作用

一份优秀的创业计划书不仅能够吸引投资者的眼球，更能够有效地指导企业经营，帮助创业者理清未来的发展思路。具体来说，创业计划书具有以下作用。

(1) 创业计划书是创业者把握企业发展的总纲领。

创业者通过制作创业计划书，能够明确创业方向，理清创业思路。创业计划书的写作是一个长期的过程，创业者需要根据企业的实际情况进行不断的调整和完善。

(2) 创业计划书是创业团队及合作者共同奋斗的动力和希望。

创业计划书是创业者对理想的现实阐述，是理想与现实的连接桥梁。创业企业的预期目标、战略、进度安排、团队管理等方面都是创业者理想的具体化图景，是创业团队奋斗的动力。明细的创业计划有助于统一思想和路线，有助于创业团队成员步调一致、有的放矢。创业计划书是合作者的"兴奋剂"，能让创业者及其合作者紧密团结在一起，同甘共苦，打拼未来；创业计划书还是亲缘纽带的"黏合剂"，因为优秀的创业计划书可以让创业者赢得信任与支持，坚定创业团队在艰难的创业路上的信心与勇气。

(3) 创业计划书是投资者决定是否投资的"敲门砖"。

从融资角度看，创业计划书通常被喻为"敲门砖"。一份详细完备的创业计划书中往往包含了投资者所需要的信息：创业企业的现实业绩和发展远景、市场竞争力和优劣势、企业资金需求现状和偿还能力，以及创业者及其团队的能力和阵容等。这些都是投资者关心的重点，是他们衡量创业企业实力和潜力的依据，并以此作为是否对创业企业进行投资的重要参考。

(4) 创业计划书为企业经营活动提供依据与支撑。

创业计划书是为企业发展所做的规划，企业的创立与成长需要由创业计划书引领。创业计划书的主要内容更是离不开企业，如资金规划、财务预算、产品开发、投资回收、风险评估等，步步都与实现目标及企业发展休戚相关。因此，创业计划书是企业经营活动的有力依据和有效支撑，对创业行动具有指导意义。

三、创业计划书的基本结构

一份完整的创业计划书由封面、目录、正文和附录四部分组成。

1. 封面

封面也称标题页，包括以下内容：创业计划书编号、标题、企业名称、项目名称、联系人及联系方式、公司主页、日期等。封面上也可以放一张企业的项目或产品彩图或企业 logo。

2. 目录

目录是正文的索引，需要按照章节顺序逐一排列每章大标题、每节小标题，以及各章节对应的页码。

3. 正文

正文是创业计划书的主要内容，包括摘要、主体和结论三大部分。

(1) 摘要。

摘要是整个创业计划书的精华和亮点，也是整个创业计划书的灵魂，是对整个创业计划书做出的精华式的总结，所以摘要通常在创业计划书的主体完成后编写。

摘要整体简明、生动，还要根据企业自身的特点以及企业获取成功的市场因素进行详细说明。摘要的主要内容如下：

1) 一句话说明理念由来(切入点)。
2) 一句话说明市场的需要(市场前景)。
3) 一句话说明你们提供了什么需要(产品)。
4) 一句话说明还有谁提供了这些需要(竞争对手)。
5) 一句话说明你们提供的需要比竞争对手提供的需要强在何处(优势)。
6) 一句话说明你们如何做出这个"强"(研发)。
7) 一句话说明你们如何把"强"弥补到"需要"那里去(市场运作)。
8) 一句话说明你们弥补的需要能赚多少(盈利模式)。
9) 一句话说明你们的收益分给投资者多少，需要投资者提供什么(回报)。
10) 一句话介绍你们(团队优势)。

(2) 主体。

主体是对摘要的具体展开，为了让投资者一目了然，一般采取章节式、标题式的方式逐项描述。主体的内容具体包括企业介绍、市场分析、产品(服务)介绍、组织结构介绍、前景预测、营销策略描述、生产计划展示、财务规划和风险分析等。

(3) 结论。

结论是整个创业计划书内容的总结式概括，它和摘要首尾呼应，体现了文本的完整性。

4. 附录

附录是对主体部分的补充。受篇幅限制，不宜在主体部分过多描述的、不能在一个层面详细展示的，或需要提供参考资料、数据的内容，一般放在附录部分，以供参考。

创业计划书的附录一般包括以下内容：企业营业执照，审计报告，相关数据统计，财务报表，新产品鉴定，商业信函、合同等，相关荣誉证书等。

 【拓展训练】

1. 什么是创业计划书魅它的作用是什么魅
2. 创业计划书的基本结构包括几部分魅

任务二　编写创业计划书

知识目标

1. 了解创业计划书的内容和编写过程
2. 掌握创业计划书各项具体内容的编写方法和检查要点

能力目标

1. 能够独立或与人合作编写一份完整的创业计划书
2. 能够对创业计划书进行检查和修改

一、封面设计

封面是创业计划书的脸面，它首先呈现在读者面前，因此一定要有独特的风格。创业计划书的封面重在设计，要求设计者要有一定的审美能力和艺术天赋。封面一般以简约、明确为主，忌晦涩怪异。

二、企业介绍

企业介绍如同自我介绍，目的就是让投资者认识该企业。企业介绍中会涉及企业的基本概况，包括名称、组织形式、注册地址、联系方式、发展历史与现状、所提供的产品、未来的发展规划和目标等。其中，企业目标是企业要达到的效果，是企业发展的动力，是创业计划书中的亮点所在，因此必须下工夫写好。

在介绍企业时，首先要说明创办新企业的思路、新思想的形成过程以及企业的目标和发展战略。其次，要交代企业现状、过去的背景和企业的经营范围。在这一部分中，要对企业以往的情况做客观的评述，不回避失误。中肯的分析往往更能赢得信任，从而使人容易认同企业的创业计划书。最后，还要说明风险，企业家自己的背景、经历、经验和特长等。企业家的素质对企业的成绩往往起关键性的作用。在这里，企业家应尽量突出自己的优点并表示自己强烈的进取精神，以给投资者留下一个好印象。

三、市场分析

市场分析在整个创业计划书中起着举足轻重的作用，主要包括市场预测与竞争对手分析、行业分析等内容。

(一) 市场预测与竞争对手分析

当企业要开发一种新产品或向新的市场拓展时，首先就要进行市场预测。如果预测结果并不乐观，或者预测的可信度让人怀疑，那么投资者就要承担更大的风险，这对多数风险投资者来说是不可接受的。市场预测首先要对需求进行预测：市场是否存在对这种产品的需求？需求程度是否可以给企业带来所期望的利益？新的市场规模有多大？需求发展的未来趋向及其状态如何？影响需求的因素都有哪些？

其次，市场预测还要包括市场竞争的情况，对企业所面对的竞争格局进行分析：竞争对手都是谁？他们的产品是如何工作的？竞争对手的产品与本企业的产品相比，有哪些相同点和不同点？竞争对手所采用的营销策略是什么？要明确每个竞争者的销售额、毛利润、收入以及市场份额，然后讨论本企业相对于每个竞争者所具有的竞争优势。创业计划书要使投资者相信，你不仅是行业中的有力竞争者，而且将来还会是确定行业标准的领先者。

企业对市场的预测应建立在严密、科学的市场调查基础上。企业所面对的市场，本来就有更加变幻不定的、难以捉摸的特点。因此，企业应尽量扩大收集信息的范围，重视对环境的预测和采用科学的预测手段和方法。企业家应牢记的是，市场预测不是凭空想象出来的，对市场错误的认识是企业经营失败的主要原因之一。

(二) 行业分析

在创业计划书中，创业者要分析所入行业的市场全貌及关键性的影响因素。行业分析需要从以下几个方面来进行。

(1) 该行业现状：处于萌芽期还是成熟期？发展到了何种程度？总销售额是多少？总收益如何？

(2) 该行业的发展趋势：未来走向如何？

(3) 该行业的影响因素：国家的政策导向、社会文化环境、竞争者的现状、行业壁垒等。

(4) 该行业市场上的所有经济主体概况：竞争者、消费者、供应商、销售渠道等。

在进行行业分析时，应该对所选行业的基本特点、竞争状况及未来趋势有准确的把握，这些是建立在对所选行业充分了解的基础之上的。创业者只有做到这一点，才能了解行业发展规律，认清行业发展方向，确立企业发展目标。

四、产品(服务)介绍

作为一个公司，就应该有自己的品牌，有了自己的品牌才可能进一步拓展自己的市场，获得最大的利益。在进行投资项目评估时，投资人最关心的问题就是企业的产品、技术或服务能否以及在多大程度上解决现实生活中的问题，或者企业的产品(服务)能否帮助顾客节约开支，增加收入。因此，产品(服务)介绍是创业计划书中必不可少的一项内容。通常，产品(服务)介绍应包括以下内容：产品的概念、性能及特性、主要产品介绍、产品的市场竞争力、产品的研究和开发过程、发展新产品的计划和成本分析、产品的市场前景预测、产品的品牌和专利。

在产品(服务)介绍部分，企业家要对产品(服务)做出详细的说明，说明要准确，也要通俗易懂，使不是专业人员的投资者也能明白。一般地，产品(服务)介绍都要附上产品原型、照片或其他介绍。

一般地，产品(服务)介绍必须要回答以下问题：

(1) 顾客希望企业的产品(服务)能解决什么问题？顾客能从企业的产品(服务)中获得什么好处？

(2) 企业的产品(服务)与竞争对手的产品(服务)相比有哪些优缺点？顾客为什么会选择本企业的产品(服务)？

(3) 企业为自己的产品(服务)采取了何种保护措施？企业拥有哪些专利、许可证，或与已申请专利的厂家达成了哪些协议？

(4) 为什么企业的产品(服务)定价可以使企业产生足够的利润？为什么用户会大批量地购买企业的产品？

(5) 企业采用何种方式去改进产品的质量、性能？企业对发展新产品有哪些计划等。

产品(服务)介绍的内容比较具体，因此写起来相对容易。虽然夸赞自己的产品(服务)是推销所必需的，但应该注意，企业所做的每一项承诺都要努力去兑现，企业家和投资者建立的是一种长期合作的伙伴关系。

五、团队管理

有了产品之后，创业者要做的第二步就是结成一支有战斗力的管理队伍。企业管理的好坏，直接决定了企业经营风险的大小。而高素质的管理人员和良好的组织结构则是管理好企业的重要保证。因此，风险投资者会特别注重对管理队伍的评估。

企业的管理人员应该是互补型的，而且要具有团队精神。一个企业必须要具备负责产品设计与开发、市场营销、生产作业管理、企业理财等方面的专门人才。在创业计划书中，必须要对主要管理人员加以阐明，介绍他们所具有的能力、他们在本企业中的职务和责任、他们过去的详细经历及背景。此外，在这部分创业计划书中，还应对公司组织结构做一简要介绍，包括公司的组织机构图；各部门的功能与责任；各部门的负责人及主要成员；公司的报酬体系；公司的股东名单，包括认股权、比例和特权；公司的董事会成员；各位董事的背景资料。

六、营销策略

营销是企业经营中最富挑战性的环节，影响营销策略的主要因素有消费者的特点、产品的特性、企业自身的状况、市场环境等，而最终影响营销策略的则是营销成本和营销效益因素。

在创业计划书中，营销策略应包括市场机构和营销渠道的选择、营销队伍建设和管理、促销计划和广告策略、价格决策等。

对于处于不同发展阶段的企业来说，其营销策略是不同的。对于创业企业来说，由于产品和企业的知名度低，很难进入其他企业已经稳定的销售渠道中去。因此，企业不得不暂时采取高成本、低效益的营销战略，如上门推销、大打商品广告、向批发商和零售商让利，或交给任何愿意经销的企业销售等。而对发展中的企业来说，一方面可以利用原来的销售渠道，另一方面也可以开发新的销售渠道以适应企业的发展。

在创业计划书中，营销策略应包括以下内容：

(1) 产品定价。你的产品出厂价格是多少？你希望最终的销售价格是多少？你能控制最终价格吗？定价的依据是什么？在你的定价中，你的销售额是多少？利润是多少？你的定价是合理的吗？为什么？你的定价和营销策略是一致的吗？如何应对市场价格混乱？

(2) 目标客户。目标客户中，哪些是最容易入手的？你有多少条渠道，并评价渠道的优劣情况？在哪里可以买到你的产品？你会通过哪些分销渠道来分别接近哪些目标客户？你将如何让你的目标客户注意到你的产品？你将如何与你的目标客户进行沟通？你有一个很好聆听顾客心声的渠道吗？你将如何争取第一批客户？如何在竞争对手之前迅速占领市场？你如何控制渠道？如何管理一线推销员？有广告计划吗？

(3) 企业形象。一线推销员是如何体现企业形象的？广告和企业理念是一致的吗？产品设计反映了客户价值吗？

七、生产计划

生产计划作为创业计划书的重要组成部分，其作用在于使投资者了解企业的研究进度和所需资金。在这一部分，创业者应该明确业务流程。在业务流程中，创业者一定要明确其中的关键环节，要写明企业的基本运营周期及间隔时间，更要将季节性生产任务和生产中会遇到的问题及解决方案解释清楚。具体来说，创业计划书中的生产计划应包括以下内容：厂房基本情况，包括地址、基础设施和基本配置情况；产品制造和技术设备现状；生产流程及关键环节介绍；新产品投产计划；生产经营成本分析；质量控制和改进计划及能力。

八、财务规划

财务规划需要花费较多的精力来做具体分析，其中包括现金流量表、资产负债表以及损益表的制备。流动资金是企业的生命线，因此企业在初创或扩张时，对流动资金需要有预先周详的计划和进行过程中的严格控制；损益表反映的是企业的赢利状况，它是企业在一段时间运作后的经营结果；资产负债表则反映在某一时刻的企业状况，投资者可以用资产负债表中的数据得到的比率指标来衡量企业的经营状况以及可能的投资回报率。

财务规划一般要包括以下内容：创业计划书的条件假设、预计的资产负债表、预计的损益表、现金收支分析、资金的来源和使用。

一份创业计划书概括地提出了在筹资过程中企业家需做的事情，而财务规划则是对创业计划书的支持和说明。因此，一份好的财务规划对评估企业所需的资金数量、提高企业取得资金的可能性是十分关键的。如果财务规划准备得不好，会给投资者以企业管理人员缺乏经验的印象，降低风险企业的评估价值，同时也会增加企业的经营风险。那么如何制订好财务规划呢？这首先要取决于企业的远景规划是为一个新市场创造一个新产品，还是进入一个财务信息较多的已有市场。着眼于一项新技术或创新产品的创业企业不可能参考现有市场的数据、价格和营销方式。因此，它要自己预测所进入市场的成长速度和可能获得的纯利，并把它的设想、管理队伍和财务模型推销给投资者。而准备进入一个已有市场的企业则可以很容易地说明整个市场的规模和改进方式，企业可以在获得目标市场信息的基础上，对企业头一年的销售规模进行规划。

企业的财务规划应保证和创业计划书的假设相一致。事实上，财务规划和企业的生产计划、人力资源计划、营销计划等都是密不可分的。要完成财务规划，必须要明确下列问题：

(1) 产品在每一个期间的发出量有多大？

(2) 什么时候开始扩张产品线？

(3) 每件产品的生产费用是多少？

(4) 每件产品的定价是多少？

(5) 使用什么分销渠道？所预期的成本和利润是多少？

(6) 需要雇佣哪几种类型的人？

(7) 雇佣何时开始？工资预算是多少？

九、风险分析

没有风险分析的创业计划书是不完整的，因为创业本身就带有一定的冒险性，创业过程中的风险也通常会让人始料不及。风险分析不仅能减轻投资者的疑虑，让他们对企业有全方位的了解，而且能体现管理团队对市场的洞察力和解决问题的能力。在这一部分，创业者可以从以下几个方面进行。

(1) 市场风险。市场风险包括生产中可能遇到的问题、销售者未知的因素、竞争中难以预料的方面、顾客的不同需求与反馈等。

(2) 技术风险。技术风险主要是技术研发中的困境，如技术力量不够强大、研发不到位、员工熟练程度不高、经验不足、研发资金短缺等。

(3) 资金风险。创业者需要阐明可能出现的资金周转不畅和资金断流等问题，也要讲明万一企业遭遇清算的后果及遭遇清算后有无偿还资金的能力。

(4) 管理风险。创业者要实事求是，不能刻意隐藏管理方面的缺陷和漏洞，而要如实反映情况，如人手不足、经验欠缺、资源缺乏等。

(5) 其他风险。企业的其他风险有很多，如政策的不确定性、经营中的突发状况、财务上的不确定因素等，都可以归入此类。

创业者的任务是，在对市场、技术、资金、管理等各方面的风险进行分析之后，将这些风险及相应的解决方案用清晰的文字在创业计划书中反映出来。风险并不可怕，可怕的是没有应对风险的能力与对策。主动识别和讨论风险会极大地增加企业的信誉，使投资者更有信心。

案例

创业计划书

企 业 名 称　　_____

创业者姓名　　_____

日　　　期　　_____

通 信 地 址　　_____

邮 政 编 码　　_____

电　　　话　　_____

传　　　真　　_____

电 子 邮 件　　_____

目　　录

一、企业概况

二、创业计划作者的个人情况

三、市场评估

四、市场营销计划

五、企业组织结构

六、固定资产

七、流动资金(月)

八、销售收入预测(12个月)

九、销售和成本计划

十、现金流量计划

一、企业概况

企业概述(创业项目选择理由、主要经营范围、主要产品或服务、目标及潜在顾客、发展前景或目标、企业宗旨或经营理念或企业文化等简述):

_____

_____

企业类型:

☐生产制造　　　☐零售　　　☐批发　　　☐服务　　　☐农业

☐新型产业　　　☐传统产业　　　☐其他

二、创业计划作者的个人情况

以往的相关经验(包括时间):

_____

_____

教育背景、所学习的相关课程(包括时间):

_____

_____

三、市场评估

目标顾客及潜在顾客描述:

_____

_____

市场容量或本企业预计市场占有率:

_____

_____

_____

市场容量的变化趋势及前景:

_____

_____

_____

SWOT 分析

优势	劣势
1. _____	1. _____
2. _____	2. _____
3. _____	3. _____

机会	威胁
1. _____	1. _____
2. _____	2. _____
3. _____	3. _____

四、市场营销计划

1. 产品

产品或服务	

2. 价格

产品或服务	成本价	销售价	竞争对手的价格

折扣销售	
赊账销售	

3. 地点

(1) 选址细节：

地址	面积(平方米)	租金或建筑成本

(2) 选择该地址的主要原因：

_____

_____

_____

(3) 销售方式(选择一项并在其前面的□内画"√")。

将把产品或服务销售或提供给：□最终消费者　　　□零售商　　　□批发商

(4) 选择销售方式的原因：

_____

_____

4. 促销

人员推销		成本预测	
广告		成本预测	
公共关系		成本预测	
营业推广		成本预测	

五、企业组织结构

企业将登记注册成：

□个体工商户　　　　　　　　□有限责任公司

□个人独资企业　　　　　　　□其他

□合伙企业

拟议的企业名称：

企业组织结构图：

员工工作描述书(包括工作岗位说明、部门管理规范等，可另附页)：

_____

_____

职务：　　　　　　　　　　　月薪：

_____

业主或经理：

_____

员工：

_____

企业将获得的营业执照、许可证：

类型：　　　　　　　　　　　预计费用：

_____

企业的法律责任(保险、员工的薪酬、纳税):

种类:　　　　　　　　　　　　　　　　　　预计费用:

_____　　_____

_____　　_____

合伙(合作)人与合伙(合作)协议:

条款 \ 内容 \ 合伙人				
出资方式				
出资数额与期限				
利润分配和亏损分摊				
经营分工、权限和责任				
合伙个人应负的责任				
协议变更和终止				
其他条款				

六、固定资产

1. 工具和设备

根据预测的销售量,假设达到 100% 的生产能力,企业需要购买以下设备:

名称	数量	单价	总费用

供应商名称	地址	电话或传真

2. 交通工具

根据交通及营销活动的需要,拟购置以下交通工具:

名称	数量	单价	总费用

供应商名称	地址	电话或传真

3. 办公家具和设备

办公需要以下设备:

名称	数量	单价	总费用

供应商名称	地址	电话或传真

4. 固定资产和折旧

项目	价值	年折旧

七、流动资金(月)

原材料和包装:

项目	数量	单价	总费用

供应商名称	地址	电话或传真

其他经营费用(不包括折旧费和贷款利息):

项目	费用	备注

八、销售收入预测(12个月)

销售的产品或服务　　　　销售情况　　月份		1	2	3	4	5	6	7	8	9	10	11	12	合计
(1)	销售数量													
	平均单价													
	月销售量													
(2)	销售数量													
	平均单价													
	月销售量													
(3)	销售数量													
	平均单价													
	月销售量													
(4)	销售数量													
	平均单价													
	月销售量													
(5)	销售数量													
	平均单价													
	月销售量													
(6)	销售数量													
	平均单价													
	月销售量													
(7)	销售数量													
	平均单价													
	月销售量													
(8)	销售数量													
	平均单价													
	月销售量													
合计	销售总量													
	销售总收入													

九、销售和成本计划

项目	金额	月份 1	2	3	4	5	6	7	8	9	10	11	12	合计
销售	含税销售收入													
	增值税													
	销售净收入													
成本	原材料(列项目)													
	(1)													
	(2)													
	(3)													
	业主工资													
	员工工资													
	租金													
	营销费用													
	公用事业费													
	维修费													
	折旧费													
	贷款利息													
	保险费													
	登记注册费													
	总成本													
利润														
企业所得税														
个人所得税														
其他														
净收入(税后)														

十、现金流量计划

项目	金额	月份	1	2	3	4	5	6	7	8	9	10	11	12	合计
现金流入	月初现金														
	现金销售收入														
	赊销收入														
	贷款														
	其他现金流入														
	可支配现金(A)														
现金流出	现金采购支出														
	(1)														
	(2)														
	(3)														
	赊购支出														
	业主工资														
	员工工资														
	租金														
	营销费用														
	公用事业费														
	维修费														
	贷款利息														
	偿还贷款本金														
	保险金														
	登记注册费														
	设备														
	其他(列项目)														
	税金														
	现金总支出(B)														
月底现金(A−B)															

 【拓展训练】

1. 什么是创业计划书魁包括哪些内容魁作用是什么魁

2. 按照上述创业计划书模板编写一份创业计划书。

第六部分　大赛介绍

赛项1　教育部关于举办第四届中国"互联网+"大学生创新创业大赛的通知

各省、自治区、直辖市教育厅(教委)，新疆生产建设兵团教育局，有关部门(单位)教育司(局)，部属各高等学校：

为学习贯彻习近平新时代中国特色社会主义思想和党的十九大精神，深入落实习近平总书记给第三届大赛"青年红色筑梦之旅"大学生重要回信精神，贯彻落实《国务院办公厅关于深化高等学校创新创业教育改革的实施意见》(国办发〔2015〕36号)，进一步激发高校学生创新创业热情，展示高校创新创业教育成果，搭建大学生创新创业项目与社会投资对接平台，定于2018年3月至10月举办第四届中国"互联网+"大学生创新创业大赛。现将有关事项通知如下：

一、大赛主题

勇立时代潮头敢闯会创　扎根中国大地书写人生华章

二、大赛目的与任务

旨在深化高等教育综合改革，激发大学生的创造力，培养造就"大众创业、万众创新"生力军；鼓励广大青年扎根中国大地了解国情民情，在创新创业中增长智慧才干，在艰苦奋斗中锤炼意志品质，把激昂的青春梦融入伟大的中国梦。

重在把大赛作为深化创新创业教育改革的重要抓手，引导各地各高校主动服务国家战略和区域发展，积极开展教育教学改革探索，切实提高高校学生的创新精神、创业意识和创新创业能力。推动创新创业教育与思想政治教育紧密结合、与专业教育深度融合，促进学生全面发展，努力成为德才兼备的有为人才。推动赛事成果转化和产学研用紧密结合，促进"互联网+"新业态形成，服务经济高质量发展。以创新引领创业、以创业带动就业，努力形成高校毕业生更高质量创业就业的新局面。

三、大赛总体安排

第四届大赛要力争做到"有广度、有高度、有深度、有温度"，努力体现有突破、有特色、有新意。扩大参赛规模，实现区域、学校、学生类型全覆盖和国际赛道拓展；广泛实施"青年红色筑梦之旅"活动，培养有理想、有本领、有担当的热血青春力量；壮大创新创业生力军，服务创新驱动发展、"一带一路"建设、乡村振兴和脱贫攻坚等国家战略。突出"海丝"特色，加强"海上丝绸之路"沿线国家创新创业教育合作；突出海峡特色，推动海峡两岸青年大学生深度交流；突出海洋文化特色，培养学生敢闯敢创、敢于冒险、敢为天下先的创新创业精神。以改革开放 40 周年为契机，实现更大程度的开放合作，打造国际大赛平台，努力办一届惊艳非凡的全球双创盛会。

第四届大赛将举办"1+5"系列活动。"1"是主体赛事，在校赛、省赛基础上，举办全国总决赛(含金奖争夺赛、四强争夺赛和冠军争夺赛)。"5"是 5 项同期活动，具体包括：

(1) "青年红色筑梦之旅"活动。在更大范围、更高层次、更深程度上开展"青年红色筑梦之旅"活动，推动创新创业教育与思想政治教育相融合，创新创业实践与乡村振兴战略、精准扶贫脱贫相结合，打造一堂全国最大的思政课。组织理工、农林、医学、师范、法律、人文社科等各专业大学生以及企业家、投资人等，以"科技中国小分队""幸福中国小分队""健康中国小分队""教育中国小分队""法治中国小分队""十九大宣讲小分队"或项目团队组团等形式，走进革命老区、贫困地区，接受思想洗礼、学习革命精神、传承红色基因，将高校的智力、技术和项目资源辐射到广大农村地区，推动当地社会经济建设，助力精准扶贫和乡村振兴(具体活动方案见附件)。

(2) "21 世纪海上丝绸之路"系列活动。主动服务"一带一路"建设，推动教育先行，实现创新创业教育交流合作从"丝绸之路经济带"到"21 世纪海上丝绸之路"的全面布局，为民心相通、合作共赢铺路搭桥。建立创新创业教育共同体，成立"21 世纪海上丝绸之路"大学联盟，举办"一带一路"大学校长创新创业教育论坛，深化"一带一路"沿线国家双创教育合作和青年交流，为国际高等教育发展贡献新经验。

(3) "大学生创客秀"(大学生创新创业成果展)。在大赛总决赛期间举办"大学生创客秀"，在承办校厦门大学设置项目展示区、项目路演区、投融资对接区、合作签约区、交流分享区、创意产品体验区等，开展投资洽谈、创新创业成果展、团队展示等活动，为各方人员提供开放参与的机会。

(4) 改革开放 40 年优秀企业家对话大学生创业者("互联网+"产学合作协同育人报告会)。邀请改革开放 40 年来涌现出的有影响的企业家、投资人、行业领军人物、技术专家与大学生创业者对话，在总决赛期间开设报告会或主旨演讲，围绕产业发展趋势、行业人才需求和产学合作协同育人等主题进行交流，传播成功经验，共享创新创业理念，助力大学生成长发展。

(5) 大赛优秀项目对接巡展。在 2018 年"数字中国"建设峰会、第二十二届中国国际投资贸易洽谈会和大赛总决赛期间设立专区，开展优秀项目展示交流和投融资洽谈对接活动，进一步推动大赛成果转化应用。实施国际优秀创新创业项目落地计划，举办地方政府与双创项目对接巡展，推动科技含量高、市场潜力大、社会效益好、具有明显投资价值的优质项目落户中国。

四、组织机构

本次大赛由教育部、中央网络安全和信息化领导小组办公室、国家发展和改革委员会、工业和信息化部、人力资源社会保障部、环境保护部、农业部、国家知识产权局、国务院侨务办公室、中国科学院、中国工程院、国务院扶贫开发领导小组办公室、共青团中央和福建省人民政府共同主办，厦门大学承办。

大赛设立组织委员会(简称大赛组委会)，由教育部部长陈宝生和福建省省长唐登杰担任主任，有关部门负责人作为成员，负责大赛的组织实施。

大赛设立专家委员会，由中国工程院原常务副院长潘云鹤担任主任，国家知识产权局原局长田力普担任副主任，社会投资机构、行业企业、大学科技园、高校和科研院所专家作为成员，负责参赛项目的评审工作，指导大学生创新创业。

大赛设立纪律与监督委员会，对大赛组织评审工作和协办单位相关工作进行监督，并对违反大赛纪律的行为给予处理。

本次大赛由中国建设银行和中国高校创新创业教育联盟、全国高校创新创业投资服务联盟、中国教育创新校企联盟、中国高校创新创业孵化器联盟、中关村百人会天使投资联盟、全国高校双创教育协作媒体联盟(新华社、中央电视台、中国教育报、中国教育电视台、光明校园传媒等)等参与协办。

各省(区、市)可根据实际成立相应的机构，开展本地初赛和复赛的组织实施、项目评审和推荐等工作。

五、参赛项目要求

参赛项目能够将移动互联网、云计算、大数据、人工智能、物联网等新一代信息技术与经济社会各领域紧密结合，培育新产品、新服务、新业态、新模式；发挥互联网在促进产业升级以及信息化和工业化深度融合中的作用，促进制造业、农业、能源、环保等产业转型升级；发挥互联网在社会服务中的作用，创新网络化服务模式，促进互联网与教育、医疗、交通、金融、消费生活等深度融合。参赛项目主要包括以下类型：

(1) "互联网+"现代农业，包括农林牧渔等；

(2) "互联网+"制造业，包括智能硬件、先进制造、工业自动化、生物医药、节能环保、新材料、军工等；

(3) "互联网+"信息技术服务，包括人工智能技术、物联网技术、网络空间安全技术、大数据、云计算、工具软件、社交网络、媒体门户、企业服务等；

(4) "互联网+"文化创意服务，包括广播影视、设计服务、文化艺术、旅游休闲、艺术品交易、广告会展、动漫娱乐、体育竞技等；

(5) "互联网+"社会服务，包括电子商务、消费生活、金融、财经法务、房产家居、高效物流、教育培训、医疗健康、交通、人力资源服务等；

(6) "互联网+"公益创业，以社会价值为导向的非营利性创业。

参赛项目不只限于"互联网+"项目，鼓励各类创新创业项目参赛，根据行业背景选择相应类型。以上各类项目可自主选择参加"青年红色筑梦之旅"活动。

参赛项目须真实、健康、合法，无任何不良信息，项目立意应弘扬正能量，践行社会主义核心价值观。参赛项目不得侵犯他人知识产权；所涉及的发明创造、专利技术、资源等必须拥有清晰合法的知识产权或物权；抄袭、盗用、提供虚假材料或违反相关法律法规一经发现即刻丧失参赛相关权利并自负一切法律责任。

参赛项目涉及他人知识产权的，报名时需提交完整的具有法律效力的所有人书面授权许可书、专利证书等；已完成工商登记注册的创业项目，报名时需提交单位概况、法定代表人情况、股权结构、组织机构代码复印件等。参赛项目可提供当前财务数据、已获投资情况、带动就业情况等相关证明材料。

六、参赛对象

根据参赛项目所处的创业阶段、已获投资情况和项目特点，大赛分为创意组、初创组、成长组、就业型创业组。具体参赛条件如下：

1. 创意组

参赛项目具有较好的创意和较为成型的产品原型或服务模式，在 2018 年 5 月 31 日(以下时间均包含当日)前尚未完成工商登记注册。参赛申报人须为团队负责人，须为普通高等学校在校生(可为本专科生、研究生，不含在职生)。

2. 初创组

参赛项目工商登记注册未满 3 年(2015 年 3 月 1 日后注册)，且获机构或个人股权投资不超过 1 轮次。参赛申报人须为初创企业法人代表，须为普通高等学校在校生(可为本专科生、研究生，不含在职生)，或毕业 5 年以内的毕业生(2013 年之后毕业的本专科生、研究生，不含在职生)。企业法人在大赛通知发布之日后进行变更的不予认可。

3. 成长组

参赛项目工商登记注册 3 年以上(2015 年 3 月 1 日前注册)；或工商登记注册未满 3 年(2015 年 3 月 1 日后注册)，且获机构或个人股权投资 2 轮次以上。参赛申报人须为企业法人代表，须为普通高等学校在校生(可为本专科生、研究生，不含在职生)，或毕业 5 年以内的毕业生(2013 年之后毕业的本专科生、研究生，不含在职生)。企业法人在大赛通知发布之日后进行变更的不予认可。

4. 就业型创业组

参赛项目能有效提升大学生就业数量与就业质量，主要面向高职高专院校的创新创业项目(高职高专院校也可申报其他符合条件的组别)，其他高校也可申报本组。若参赛项目在 2018 年 5 月 31 日前尚未完成工商登记注册，参赛申报人须为团队负责人，须为普通高等学校在校生(可为本专科生、研究生，不含在职生)。若参赛项目在 2018 年 5 月 31 日前已完成工商登记注册，参赛申报人须为企业法人代表，须为普通高等学校在校生(可为本专科生、研究生，不含在职生)，或毕业 5 年以内的毕业生(2013 年之后毕业的本专科生、研究生，不含在职生)。企业法人在大赛通知发布之日后进行变更的不予认可。

以团队为单位报名参赛。允许跨校组建团队，每个团队的参赛成员不少于 3 人，须为项目的实际成员。参赛团队所报参赛创业项目，须为本团队策划或经营的项目，不可借用他人项目参赛。已获往届中国"互联网+"大学生创新创业大赛全国总决赛金奖和银奖的项目，不再报名参赛。

初创组、成长组、就业型创业组已完成工商登记注册参赛项目的股权结构中，参赛成员合计不得少于 1/3。

高校教师科技成果转化的师生共创项目不能参加创意组,允许将拥有科研成果的教师的股权合并计算,合并计算的股权不得少于 50%(其中参赛成员合计不得少于 15%)。

各省、自治区、直辖市教育厅(教委),新疆生产建设兵团教育局,各高等学校负责审核参赛对象资格。

七、"青年红色筑梦之旅"赛道

增设"青年红色筑梦之旅"赛道,参加此赛道的项目须为参加"青年红色筑梦之旅"活动的项目。各省(区、市)教育厅(教委)、各高校要组织大学生创新创业团队到各自对接的县、乡、村和农户,从质量兴农、绿色兴农、科技兴农、电商兴农、教育兴农等多个方面开展帮扶工作,推动当地社会经济建设,助力精准扶贫和乡村振兴。

参加"青年红色筑梦之旅"活动的项目可自主选择参加主赛道或"青年红色筑梦之旅"赛道比赛,但只能选择参加一个赛道。

八、国际赛道

打造大赛国际平台,提升大赛全球影响力。由国际赛道专家组会同全球大学生创新创业联盟(筹)择优遴选推荐项目。鼓励各高校推荐国外友好合作高校的项目参赛,鼓励各高校推荐海外校友会作为国际赛道合作渠道。

九、比赛赛制

大赛采用校级初赛、省级复赛、全国总决赛三级赛制。校级初赛由各高校负责组织,省级复赛由各省(区、市)负责组织,全国总决赛由各省(区、市)按照大赛组委会确定的配额择优遴选推荐项目。大赛组委会将综合考虑各省(区、市)报名团队数、参赛高校数和创新创业教育工作情况等因素分配全国总决赛名额。每所高校入选全国总决赛团队总数不超过4个。

全国共产生 600 个项目入围全国总决赛主赛道,通过网上评审,产生 150 个项目进入全国总决赛现场比赛。港澳台地区参赛名额单列,通过网上评审,产生 20 个项目进入总决赛现场比赛。全国共产生 200 个项目入围全国总决赛"青年红色筑梦之旅"赛道,通过网上评审,产生 40 个项目进入全国总决赛现场比赛。国际赛道产生 30~60 个项目进入全国总决赛现场比赛。

十、赛程安排

(1) 参赛报名(3~5 月)。参赛团队可通过登录"全国大学生创业服务网"(cy.ncss.cn)或微信公众号(名称为"全国大学生创业服务网"或"中国'互联网+'大学生创新创业大赛")任一方式进行报名。报名系统开放时间为 2018 年 3 月 28 日,截止时间由各省(区、市)根据复赛安排自行决定,但不得晚于 8 月 31 日。

(2) 初赛复赛(6~9 月)。各省(区、市)各高校登录 cy.ncss.cn/gl/login 进行报名信息的查看和管理。省级管理用户使用大赛组委会统一分配的账号进行登录,校级账号由各省级管理用户进行管理。初赛复赛的比赛环节、评审方式等由各高校、各省(区、市)自行决定。各省(区、市)在 9 月 15 日前完成省级复赛,遴选参加全国总决赛的候选项目(推荐项目应有名次排序,供全国总决赛参考)。

(3) 全国总决赛(10 月中下旬)。大赛评审委员会对入围全国总决赛项目进行网上评审,择优选拔项目进行现场比赛,决出金、银、铜奖。

大赛组委会将通过"全国大学生创业服务网"为参赛团队提供项目展示、创业指导、投资对接等服务。各项目团队可以登录"全国大学生创业服务网"查看相关信息。各省(区、市)可以利用网站提供的资源,为参赛团队做好服务。各高校还可以通过腾讯微校(weixiao.qq.com/shuangchuang)进行赛事宣传,腾讯云根据参赛团队的组别提供不同级别的免费云服务支持,给予项目激励和孵化指导。

十一、评审规则

请登录"全国大学生创业服务网"(cy.ncss.cn)查看具体内容。

十二、大赛奖项

大赛主赛道设金奖 50 个、银奖 100 个、铜奖 450 个。另设港澳台项目金奖 5 个、银奖 15 个、铜奖另定;国际赛道金奖 15 个、银奖和铜奖另定。设最佳创意奖、最具商业价值奖、最佳带动就业奖、最具人气奖各 1 个。获奖项目颁发获奖证书,提供投融资对接、落地孵化等服务。

设"青年红色筑梦之旅"赛道金奖 10 个、银奖 30 个、铜奖 160 个。设"乡村振兴奖""精准扶贫奖"等单项奖若干,奖励对农村地区教育、科技、农业、医疗、扶贫等方面有突出贡献的项目。

设高校集体奖 20 个、省市优秀组织奖 10 个和优秀创新创业导师若干名。设"青年红色筑梦之旅"高校集体奖 20 个、省市优秀组织奖 8 个和优秀创新创业导师若干名。获奖单位颁发获奖证书及奖牌。

十三、宣传发动

各地各高校要认真做好大赛的宣传动员和组织工作。各省(区、市)教育行政部门要组织做好省内比赛和项目推荐工作。各高校要认真组织动员团队参赛,为在校生和毕业生参与竞赛提供必要的条件和支持,做好学校初赛组织工作。鼓励教师将科技成果产业化,带领学生创新创业。同时,坚持以赛促教、以赛促学、以赛促创,积极推进高校学生创新创业训练和实践,不断提高创新创业人才培养水平,厚植"大众创业、万众创新"土壤,助力"双创"升级,为建设创新型国家提供源源不断的人才智力支撑。

十四、大赛组委会联系方式

(1) 大赛工作 QQ 群:460798492,请每个参赛省(区、市)指定两名工作人员加入该群,便于赛事工作沟通及交流。

(2) 大赛组委会联系人：

全国高等学校学生信息咨询与就业指导中心　窦慧姣

联系电话：010-62111870，传真：010-62111780

电子邮箱：dhj1211@moe.edu.cn

地址：北京市海淀区北三环西路甲 18 号大钟寺中坤广场

邮编：100098

厦门大学　张晴

联系电话：0592-2182276，传真：0592-2186206

电子邮箱：hlwjds2018@xmu.edu.cn

地址：福建省厦门市思明南路 422 号

邮编：361005

教育部高等教育司理工处　　杨皓麟　徐家庆

联系电话：010-66096262，传真：010-66020758

电子邮箱：yanghaolin@moe.edu.cn

地址：北京市西城区大木仓胡同 37 号

邮编：100816

附件：第四届中国"互联网+"大学生创新创业大赛"青年红色筑梦之旅"活动方案

教育部

2018 年 3 月 8 日

附件　第四届中国"互联网+"大学生创新创业大赛
"青年红色筑梦之旅"活动方案

为学习贯彻习近平新时代中国特色社会主义思想和党的十九大精神，深入落实习近平总书记给第三届中国"互联网+"大学生创新创业大赛"青年红色筑梦之旅"大学生重要回信精神，教育部决定广泛实施"青年红色筑梦之旅"活动，引导更多青年学生扎根中国大地了解国情民情，在创新创业中增长智慧才干，在艰苦奋斗中锤炼意志品质，为中华民族伟大复兴的中国梦培养有理想、有本领、有担当的热血青春力量。活动方案如下：

一、活动主题

红色筑梦点亮人生　青春领航振兴中华

二、主要目标

全面贯彻落实习近平总书记回信精神，在更大范围、更高层次、更深程度上开展"青年红色筑梦之旅"活动，鼓励青年用创新创业成果服务乡村振兴战略、助力精准扶贫；推动创新创业教育与思想政治教育相融合，打造中国最大的思政课堂，引导青年走进革命老区、贫困地区，接受思想洗礼、学习革命精神、传承红色基因，重温革命前辈伟大而艰辛的创业史，走好新时代青年的新长征路，为中国特色社会主义事业培养更多全面发展的合格建设者和可靠接班人。

三、活动安排

1. 制订方案(2018年3月)

各省(区、市)教育厅(教委)要制定本地"青年红色筑梦之旅"活动方案。以调研为基础，主动联系当地政府农业和扶贫工作有关部门，摸清乡村振兴和精准扶贫脱贫需求，组织各高校做好学校现有扶贫对接地区及项目、涉农大学生创新创业团队和科技成果转化项目、应届毕业生返乡创业等情况摸底统计。制定本地详细活动方案，明确活动时间安排、地点、规模、活动形式、支持条件等内容，并于3月23日前报送大赛组委会(邮箱：yanghaolin@moe.edu.cn)。

2. 启动仪式(2018年3~5月)

大赛组委会将于3月底在福建古田举办"青年红色筑梦之旅"活动全国启动仪式。由各省(区、市)教育厅(教委)推荐3~10个项目参加启动仪式，并于3月16~21日完成启动仪式报名(网址：http://dc.ncss.cn/answer/red)。详细活动安排另行通知。

启动仪式后，还将选择在部分革命老区、贫困地区组织全国性项目对接活动，有意向承办全国性对接活动的省(区、市)可在活动计划日期一个月前向大赛组委会提出申请。

3. 活动报名(2018年3~8月)

各省(区、市)教育厅(教委)要积极挖掘本省优质创新创业项目参与活动，并组织团队登录全国大学生创业服务网进行报名(网址：http://cy.ncss.cn)，报名系统开放时间为3月28日至8月31日。

4. 组织实施(2018年3~9月)

各省(区、市)教育厅(教委)负责组织本地的"青年红色筑梦之旅"活动，做好需求对接、培训、宣传等工作。组织理工、农林、医学、师范、法律、人文社科等各专业大学生以及企业家、投资人等，以"科技中国小分队""幸福中国小分队""健康中国小分队""教育中国小分队""法治中国小分队""十九大宣讲小分队"或项目团队组团等形式，走进革命老区、贫困地区，接受思想洗礼、学习革命精神、传承红色基因，将高校的智力、技术和项目资源辐射到广大农村地区。组织团队到各自对接的县、乡、村和农户，从质量兴农、绿色兴农、科技兴农、电商兴农、教育兴农等多个方面开展帮扶工作，推动当地社会经济建设，助力精准扶贫和乡村振兴。

高校要通过大学生创新创业训练计划项目、创新创业专项经费、师生共创、校地协同等多种形式，努力实现项目长期对接，并推出一批帮扶品牌项目和帮扶示范区，发挥辐射带动作用。要积极争取相关部门、地方政府、社会企业、投资机构等各方支持，通过政策倾斜、项目立项、设立公益基金等方式为活动提供保障。

5. 总结表彰(2018 年 9～10 月)

各地各高校要及时做好经验总结和成果宣传，选树优秀典型，举办优秀团队先进事迹报告会。组委会将在全国总决赛期间举办"青年红色筑梦之旅"成果展。

参加"青年红色筑梦之旅"活动的项目，符合大赛参赛要求的可自主选择参加大赛"青年红色筑梦之旅"赛道或主赛道比赛(只能选择参加一个赛道)。"青年红色筑梦之旅"赛道单列奖项、单独设置评审指标，突出项目的社会贡献和公益价值。

设"青年红色筑梦之旅"赛道金奖 10 个、银奖 30 个、铜奖 160 个。设"乡村振兴奖""精准扶贫奖"等单项奖若干，奖励对农村地区教育、科技、农业、医疗、扶贫等方面有突出贡献的项目。设"青年红色筑梦之旅"高校集体奖 20 个、省市优秀组织奖 8 个和优秀创新创业导师若干名。

四、项目要求

参与"青年红色筑梦之旅"的项目须为青年创新创业项目，在推进革命老区、贫困地区经济社会发展等方面有创新性、推广性和实效性。参与对象须为普通高等学校在校生(可为本专科生、研究生，不含在职生)，或毕业 5 年以内的毕业生(2013 年之后毕业的本专科生、研究生，不含在职生)。须以团队为单位报名参加活动，允许跨校组建团队，每个团队的成员不少于 3 人。

项目来源包括：

(1) 大赛参赛项目。中国"互联网+"大学生创新创业大赛参赛项目可自主报名参加"青年红色筑梦之旅"活动。

(2) 大学生创新创业训练计划项目。鼓励与乡村振兴、扶贫脱贫相关的国家级、省级、校级大学生创新创业训练计划项目参加活动。

(3) 其他参与项目。邀请历届大赛获奖项目、符合当地需求的社会项目参加活动。

五、工作要求

(1) 高度重视、精心组织。各省(区、市)教育厅(教委)要高度重视，成立专项工作组，推动形成政府、企业、社会联动共推的机制，确保各项工作落到实处。

(2) 统筹资源、加强保障。各省(区、市)教育厅(教委)要主动协调本地区扶贫办和扶贫组织，制定针对创业帮扶团队的优惠政策，整合对方资源，对活动予以支持。大赛组委会成立"青年红色筑梦之旅"奖励基金，对实施效果突出的项目给予支持。

(3) 广泛宣传、营造氛围。各省(区、市)教育厅(教委)要认真做好活动的宣传工作，通过集中启动、媒体传播，线上线下共同发力，提升活动的社会影响力。大赛组委会拟拍摄《青年筑梦》专题纪录片，全面展示各地各高校青年大学生参与活动的生动实践和良好精神风貌。

六、联系人

教育部高等教育司理工处　杨皓麟　徐家庆

联系电话：010-66096262，传真：010-66020758

电子邮箱：yanghaolin@moe.edu.cn

地址：北京市西城区大木仓胡同 37 号

邮编：100816

厦门大学　洪海松

联系电话：0592-2186669，传真：0592-2186206

电子邮箱：qnhszmzl2018@xmu.edu.cn

地址：福建省厦门市思明南路 422 号

邮编：361005

全国高等学校学生信息咨询与就业指导中心　窦慧姣

联系电话：010-62111870，传真：010-62111780

电子邮箱：dhj1211@moe.edu.cn

地址：北京市海淀区北三环西路甲 18 号大钟寺中坤广场

邮编：100098

赛项2 全国职业院校技能大赛的通知

　　全国职业院校技能大赛是中华人民共和国教育部发起，联合国务院有关部门、行业和地方共同举办的一项年度全国性职业教育学生竞赛活动。

　　全国职业院校技能大赛充分展示职业教育改革发展的丰硕成果，集中展现职业院校师生的风采，努力营造全社会关心、支持职业教育发展的良好氛围，促进职业院校与行业企业的产教结合，更好地为中国经济建设和社会发展服务，是专业覆盖面最广、参赛选手最多、社会影响最大、联合主办部门最全的国家级职业院校技能赛事。

一、中文名

　　全国职业院校技能大赛

二、外文名

　　National Vocational Student Skills Competition

三、级别

　　国家级

四、类别

　　职业竞赛

五、分类

　　国家级一类竞赛高等职业院校、中等职业院校

六、范围

　　高等职业院校、中等职业院校

七、举办机构

　　中华人民共和国教育部等

八、大赛宗旨

　　大赛点亮人生 技能改变命运

九、比赛过程

全国职业院校技能大赛是教育部联合天津市人民政府、工业和信息化部、财政部、人力资源和社会保障部、住房和城乡建设部、交通运输部、农业部、文化部、卫生部、国务院国有资产监督管理委员会、国家旅游局、国家中医药管理局、国务院扶贫办、中华全国总工会、共青团中央、中华职业教育社、中国职业技术教育学会、中华全国供销合作总社、中国机械工业联合会、中国有色金属工业协会、中国石油和化学工业联合会、中国物流与采购联合会等 23 个部门、组织共同举办的一项全国性职业教育学院的学生竞赛活动。经过多年努力，大赛已经发展成为全国各个省(区、市)、新疆生产建设兵团和计划单列市积极参与，专业覆盖面最广、参赛选手最多、社会影响最大、联合主办部门最全的国家级职业院校技能赛事，成为中国职教界的年度盛会。

按照大赛规则，决赛由理论考试和实际操作两部分组成。理论考试为闭卷，试题以国家职业技能标准为基础，从国家题库中抽取或组织专家命制。

十、大赛标识

2012 年全国职业院校技能大赛统一使用 ChinaSkills 五色星标识。齿轮标识为天津主赛场标识，分赛区标识与五色星标识同时使用。

五色星标识　　　　　　　　　　　　　　　　齿轮标识

ChinaSkills 五色星标识的图案及设计含义为"中国技能"；红、黄、蓝、绿、黑的五星象征一只正在操作的手，也象征技能大赛激发学生的创意火花；五星图案同时鼓舞职业院校学生胸怀祖国。

十一、比赛分组

中职学生组、高职学生组

十二、大赛模拟试题

(一)　2017 全国职业院校技能大赛高职组服装设计与工艺赛项
模拟试题一

1. 服装设计创意(25 分)

以跨界为主题,创意设计一套流行时装。运用计算机绘图软件,绘制彩色服装效果图和全套服装前、后身的平面款式图(A3 幅面,图片分辨率小于 200 dpi),并写出不少于 300 字的设计说明。要求设计新颖,巧妙运用自然生物的色彩、形态、肌理等富含变化的设计元素,结合服装流行元素和材料构成技法,服装造型、结构表达准确,形态自然美观,色彩搭配协调,面料肌理充分体现,注意服装的整体搭配效果。

2. 服装拓展设计(25 分)

根据创意设计效果图的核心设计元素,设计一个系列三款 X 廓型长袖连衣裙。要求:

(1) 运用计算机绘图软件绘制前、后身的彩色平面款式图。

(2) 设计元素应用得当,创意拓展恰当自然,符合服装类别特征,市场定位和价值体现突出。

(3) 要按 1～3 进行款式序列编号,页面打印设置 A3 幅面。

(4) 在赛场指定的计算机硬盘分区新建一个文件夹,以选手的工位号命名,然后将创意服装设计效果图和后身平面款式图、拓展设计平面款式图等全部 JPEG 格式图形文件以及设计说明用 Word 文档存入该文件夹。

3. 服装立体造型(40 分)

由赛项命题组随机抽取一个 X 廓型长袖连衣裙款式号,选手现场用坯布在人台上进行其立体试样与制作。要求:

(1) 熟练运用立体裁剪方法完成结构造型,其操作过程规范。

(2) 准确表达服装整体及局部形态,总体效果平整、合体、美观。

(3) 服装组合合理,能够完整地从人台上取下来,充分体现设计的造型效果。

2017全国职业院校技能大赛高职组服装设计与工艺赛项实操试题

女式春季品牌服装立体制板、裁剪与样衣制作工艺单

品牌	高职技能大赛	季节	2017春	工位号	
款号	2017A-002	款式名称	女式时尚上衣	完成时间	10小时

款式图

正面款式图　　　背面款式图

款式特征：

1. 廓型：宽型 X 廓型。
2. 前衣身：四开身结构，公主线结构，腰部横向分割线，一粒扣。
3. 后衣身：公主线结构。底摆处理为较处理。
4. 衣领：截驳头结构。衣领领角外呈交叉状。
5. 衣袖：合体圆装两片袖，袖山顶部半圆形分割。

外观造型要求：

1. 整体：平整干净，表面无水渍，各部位较烫平服，无烫黄；缝口平整，结构平衡，造型美观。
2. 衣身：胸部松量适宜，腰部合体，下摆不起翘，无浮起或褶皱紧，无不良折痕，形态美观。
3. 衣领：松紧适宜，领止口不返吐，造型符合款式要求。
4. 衣袖：袖山圆顺，袖位正确，袖弯、内旋及分割位置处理得当，无不良皱褶。

样衣参考规格：

单位：cm

部位\规格	后衣长	胸围	腰围	肩宽	袖长	袖肥	袖口
165/84A	56	92	75	38	58	32	25

注：对未标注尺寸的部位，可根据款式图自行设计尺寸。

工艺要求：

1. 立体造型大头针排列有序，针尖方向一致，同距均匀。
2. 布料纱向正确，经纬纱垂直，达到丝绺平衡。
3. 缝份倒向合理，衣缝平整，毛边处理光净整洁，方法得当。
4. 针距为3cm 14~15针。绱线要求宽窄一致，各类缝型正确，层次关系清晰。无断线、脱线、毛漏等不良现象。
5. 工艺细节处理得当，衣面与衣里缝线松紧适宜。
6. 具体缝型与主要部位尺寸，选手根据款式图进行设计。

技术要求：

1. 结构制图：廓型与结构线设计准确，衣身结构平衡，比例协调，胸围松量设计既考虑美观性，又要考虑舒适性；纸样规格尺寸符合命题所提供的规格尺寸与款式图的造型要求；衣领和领口，袖山与袖窿达到结构吻合；领面与领底，缝份与领座宽度设计合理；腰位，扣位表示准确。
2. 裁剪样板：缝份符合生产要求，标注符合企业生产标准与要求，挂面与衣身结构关系正确。
3. 样板标注：标注各部位样板名称、片数、丝绺符号、对位记号等，标型符合款式，样板无遗漏。
4. 衣领纸样与衣袖纸样采用平面或立体裁剪方法均可。

提交要求：

选手完成比赛时，提供立体造型布样，样衣面料的裁剪纸样，样衣成品。

(二)　2017 全国职业院校技能大赛高职组服装设计与工艺赛项
模拟试题二

1. 服装设计创意(25 分)

同模拟试题一。

2. 服装拓展设计(25 分)

根据创意设计效果图的核心设计元素，设计一个系列三款 X 廓型短袖礼服裙，要求同模拟试题一。

3. 服装立体造型(40 分)

由赛项命题组随机抽取一个 X 廓型短袖礼服裙款式号，选手现场用坯布在人台上进行其立体试样与制作，要求同模拟试题一。

2017 全国职业院校技能大赛高职组服装设计与工艺赛项实操试题

女式春季品牌服装立体制板、裁剪与样衣制作工艺单

品牌	高职技能大赛	季节	2017春	工位号	
款号	2017A-003	款式名称	女式时尚上衣	完成时间	10 小时

款式图

正面款式图　　背面款式图

款式特征：

1. 廓型：X 廓型。
2. 前衣身：四开身结构，双排一粒扣。刀背缝至腰口袋处，腰部分割线不到底，并夹缝袋盖；门襟下摆左右不对称且呈倒 V 型。
3. 后衣身：刀背缝至腰部育克上方。
4. 衣领：平驳领，且分体结构，驳口线至腰节处附近。
5. 衣袖：圆装两片袖，袖口袖克夫。

外观造型要求：

1. 整体：平整干净，表面无水渍、各部位无烫平服，无溃黄，结构平衡，造型美观。
2. 衣身：胸部松量适宜，腰部合体，无浮起或过紧，下摆不起翘，不外翻，形态美观。
3. 衣领：松紧适宜，领止口不返吐，造型符合款式要求。
4. 衣袖：袖山圆顺，袖位正确，袖弯、内旋反分制位置处理得当，无不良皱褶。

样衣参考规格

单位：cm

规格 部位	后衣长	胸围	腰围	肩宽	袖长	袖肥	袖口
165/84A	50	91	73	38	58	32	24

注：对未标注尺寸的部位，可根据款式图自行设计尺寸。

工艺要求：

1. 立体造型大头针排列有序，针尖方向一致，间距均匀。
2. 布料纱向正确，经纬纱垂平，达到丝缕均匀。
3. 缝份倒向合理，衣缝平整，毛边处理光净整洁，方法得当。
4. 针距为 3cm 14~15 针。缝纫要求宽窄一致，各类缝型正确，无断线、脱线、毛漏等不良现象。
5. 工艺细节处理得当，衣面与衣里缝线松紧适宜，层次关系清晰。
6. 具体缝型与主要部位尺寸，选手根据款式图进行设计。

技术要求：

1. 结构制图：廓型与结构线设计准确，衣身结构平衡，衣身结构平衡，比例协调；胸围松量设计既参虑美观，又要考虑合适性；纸样规格尺寸符合命题所提供的规格尺寸与款式图既定的造型要求；衣袖和领口，袖口与袖窿达到结构吻合；胸腰臀关系合理；袖山与袖窿贴边宽度设计合理，领面与领配示准确。
2. 裁剪样板：缝份与贴边宽度设计合理，领口与领配合理，挂面与衣身结构关系正确。
3. 样板标注：标注符合企业生产标准与要求，标明各部位样板名称、片数、丝缕符号、对位记号等，标明各部位样板名称、片数、丝缕符号、对位记号等，样板标注无遗漏。
4. 衣领纸样与衣袖纸样采用平面或立体裁剪方法均可。

提交要求：

选手完成比赛时，提供立体造型布样、样衣面料的裁剪纸样、样衣成品。

（三） 2017全国职业院校技能大赛高职组服装设计与工艺赛项
模拟试题三

1. 服装设计创意(25分)
同模拟试题一。

2. 服装拓展设计(25分)
根据创意设计效果图的核心设计元素，设计一个系列三款A廓型女风衣外套，要求同模拟试题一。

3. 服装立体造型(40分)
由赛项命题组随机抽取一个A廓型女风衣外套款式号，选手现场用坯布在人台上进行其立体试样与制作，要求同模拟试题一。

2017 全国职业院校技能大赛高职组服装设计与工艺赛项实操试题

女式春季品牌服装立体制板、裁剪与样衣制作工艺单

品牌	高职技能大赛	季节	2017 春	工位号		完成时间	10 小时
款号	2017A-004	款式名称	女式时尚上衣				

款式图

正面款式图　　　背面款式图

款式特征：

1. 廓型：X 廓型。

2. 前衣身：四开身结构，翻驳头，门襟下摆左右对称，内层呈倒 V 型，外层呈波浪形装饰。

3. 后衣身：领省、腰省、腰部横向分割，腰下部波浪装饰。

4. 衣领：连身衣领。

5. 衣袖：合体圆装两片袖，袖山处设褶裥装饰，前后褶处理反面向后肩缝。

外观造型要求：

1. 整体：平整干净，表面无水渍，各部位熨烫平服，无烫黄，缝口平整，结构平衡，造型美观。

2. 衣身：胸部松量适度，腰部合体，无浮起或缝拉紧，下摆不起翘，不外翻，无浮起或缝拉紧，造型美观。

3. 衣领：松紧适宜，领口不返吐，造型符合款式要求。

4. 衣袖：袖山圆顺，袖位正确，袖弯，内旋及分割位置处理得当，无不及敏褶。

样衣参考规格

单位：cm

规格\部位	后衣长	胸围	腰围	肩宽	袖长	袖肥	袖口
165/84A	54	91	73	36	59	32	24

注：对未标注尺寸的部位，可根据款式图自行设计尺寸。

工艺要求：

1. 立体造型大头针排列有序，针头方向一致，间距均匀。

2. 布料纱向正确，经纬纱垂平，达到丝缕平衡。

3. 缝份倒向合理，衣缝平整。毛边处理光净整洁，方法得当。

4. 针距为 3cm 14~15 针。缝线宽窄一致，各类缝型正确，无断线、脱线、毛漏等不良现象。

5. 工艺细节处理得当，衣面与衣里缝线松紧适宜，层次关系清晰。

6. 具体缝型与主要部位尺寸，选手根据款式图进行设计。

技术要求：

1. 结构制图：廓型与结构线设计准确，衣身结构平衡，比例协调；胸围松量设计既考虑美观性，又要考虑舒适性；纸样规格尺寸符合命题所提供的规格尺寸与款式图的造型要求；衣领和领口，袖山与袖隆达到结构吻合；胸腰臀关系合理；腰位、扣位表示准确。

2. 裁剪样板：缝份分配合觉设计合理，领面与领底，挂面与衣身结构关系正确。

3. 样板标注：标注符合企业产标准与要求，标明各部位样板名称、片数、丝绺符号、对位记号等，样板无遗漏。

4. 衣领纸样与衣袖纸样采用平面或立体裁剪方法均可。

提交要求：

选手完成比赛时，提供立体造型布样、样衣面料的裁剪纸样、样衣成品。

(四) 2017 全国职业院校技能大赛高职组服装设计与工艺赛项 模拟试题四

1. 服装设计创意(25 分)

同模拟试题一。

2. 服装拓展设计(25 分)

根据创意设计效果图的核心设计元素，设计一个系列三款 H 廓型长袖女衬衫，要求同模拟试题一。

3. 服装立体造型(40 分)

由赛项命题组随机抽取一个 H 廓型长袖女衬衫款式号，选手现场用坯布在人台上进行其立体试样与制作，要求同模拟试题一。

2017全国职业院校技能大赛高职组服装设计与工艺赛项实操试题
女式春季品牌服装立体制板、裁剪与样衣制作工艺单

品牌	高职技能大赛	季节	2017春	工位号	
款号	2017A-010	款式名称	女式时尚上衣	完成时间	10小时

款式样图

正面款式图　　背面款式图

款式特征：
1. 廓型：X廓型。
2. 前衣身：四开身结构，单排一粒扣。公主线至腰缝线处，腰节处与公主线相交。门襟下摆左右对称，衣摆内层呈倒V型，衣摆外层设计波浪形装饰。
3. 后衣身：公主线至衣底摆处。
4. 衣领：连身衣领，且与公主线相连。
5. 衣袖：圆装两片袖。

外观造型要求：
1. 整体：平整干净，表面无水渍，各部位烫平服，无烫亮，缝口平整，结构平衡，造型美观。
2. 衣身：胸部松量适宜，腰部合体，下摆不起翘，不外翻，无浮起或成位紧，无不良折痕，形态美观。
3. 衣领：松紧适宜，领止口不返吐，造型符合款式要求。
4. 衣袖：袖山圆顺，袖位正确，袖弯、内旋及分割位置处理得当，无不良皱褶。

样衣参考规格

单位：cm

部位 规格	后衣长	胸围	腰围	肩宽	袖长	袖肥	袖口
165/84A	54	92	74	38	59	32	24

注：对未标注尺寸的部位，可根据款式图自行设计尺寸。

工艺要求：
1. 立体造型大头大针排列有序，针失方向一致，间距均匀。
2. 布料纱向正确，经纬纱垂平，达到丝绺平衡。
3. 缝份倒向合适，衣缝平整，毛边处理光净整洁，方法得当。
4. 针距为3cm 14-15针。缝份要求宽窄一致，各类缝型正确，无断线、脱线、毛漏等不良现象。
5. 工艺细节处理得当，衣面与衣里缝线松紧适宜，层次关系清晰。
6. 具体缝型与主要部位尺寸，选手根据款式图进行设计。

技术要求：
1. 结构制图：廓型与结构线设计准确，衣身结构平衡，比例协调，胸围松量设计既考虑美观性，又考虑舒适性；纸样规格尺寸符合命题所提供的规格尺寸与款式图的造型要求；衣领和领口，袖山与袖隆达到结构吻合；胸腰臂关系合理，领面与领底，挂面与衣身结构关系正确。
2. 裁剪样板：缝份与贴边宽度设计合理，缝份符合企业生产标准与要求，挂面与部位样板，标明各部位样板名称、片数、丝绺符号、对位记号等，样板无遗漏。
3. 样板标注：标注符合企业生产标准与要求，衣领纸样与衣袖纸样采用平面或立体裁剪方法均可。

提交要求：
选手完成比赛时，提交立体造型布样、样衣面料的裁剪纸样、样衣成品。

(五) 2017 全国职业院校技能大赛高职组服装设计与工艺赛项服

模拟试题五

1. 服装设计创意(25 分)

同模拟试题一。

2. 服装拓展设计(25 分)

根据创意设计效果图的核心设计元素,设计一个系列三款 X 廓型时尚女上衣,要求同模拟试题一。

3. 服装立体造型(40 分)

由赛项命题组随机抽取一个 X 廓型时尚女上衣款式号,选手现场用坯布在人台上进行其立体试样与制作,要求同模拟试题一。

2017 全国职业院校技能大赛高职组服装设计与工艺赛项实操试题

女式春季品牌服装立体制板、裁剪与样衣制作工艺单

品牌	高职技能大赛	季节	2017 春	工位号	
款号	2017A-006	款式名称	女式时尚上衣	完成时间	10 小时

款式图

正面款式图

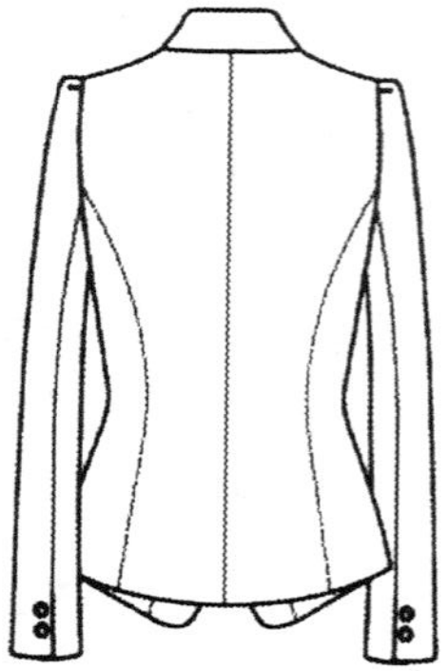

背面款式图

款式特征：

1. 廓型：X 廓型。
2. 前衣身：四开身结构，刀背线，驳头下设领口省；双开线有袋盖口袋，一粒扣，倒 V 字形小圆角下摆。
3. 后衣身：后中线、刀背线直通底摆。
4. 衣领：驳头结构。
5. 衣袖：合体圆装两片袖，袖山顶部用褶裥装饰，前后褶裥反面倒向肩缝。

外观造型要求：

1. 整体：平整干净，表面无水渍，各部位熨烫平服，无烫黄；缝口平整，结构平衡，造型美观。
2. 衣身：胸部松量适宜，腰部合体，肩部与袖窿无浮起或拉紧，无不良折痕，下摆不起翘、不外翻、形态美观。
3. 衣领：松紧适宜，领止口不返吐，造型符合款式要求。
4. 衣袖：袖山圆顺，袖位正确，袖弯、内旋及分割位置处理得当，无不良皱褶。

样衣参考规格

单位：cm

部位 / 规格	后衣长	胸围	腰围	肩宽	袖长	袖肥	袖口
165/84A	56	92	74	35	61 含肩部造型量	33	25

注：对未标注尺寸的部位，可根据款式图自行设计尺寸。

工艺要求：

1. 立体造型大头针排列有序，针尖方向一致，间距均匀。
2. 布料纱向正确，经纬纱垂平，达到丝绺平衡。
3. 缝份倒向合理，衣缝平整；毛边处理光净整洁，方法得当。
4. 针距为 3cm 14~15 针。缉线要求宽窄一致，各类缝型正确，无断线、脱线、毛漏等不良现象。
5. 工艺细节处理得当，衣面与衣里缝线松紧适宜，层次关系清晰。
6. 具体缝型与主要部位尺寸，选手根据款式图进行设计。

技术要求：

1. 结构制图：廓型与结构线设计准确，衣身结构平衡，比例协调；胸围松量设计既考虑美观性，又要考虑舒适性；纸样规格尺寸符合命题所提供的规格尺寸与款式图的造型要求；衣领和领口、袖山与袖窿达到结构吻合；胸腰臀关系合理；腰位、扣位表示准确。
2. 裁剪样板：缝份与贴边宽度设计合理，领面与领底、挂面与衣身结构关系正确。
3. 样板标注：标注符合企业生产标准与要求，标明各部位样板名称、片数、丝绺符号、对位记号等，样板无遗漏。
4. 衣领纸样与衣袖纸样采用平面或立体裁剪方法均可。

提交要求：

选手完成比赛时，提供立体造型布样、样衣面料的裁剪纸样、样衣成品。

赛项3　关于举办2017"瓦栏杯"第九届全国纺织服装类职业院校学生纺织面料设计技能大赛的通知

为深入贯彻落实《国家中长期教育改革和发展规划纲要(2010—2020年)》和《高技能人才队伍建设中长期规划(2010—2020年)》的文件精神，进一步深化职业教育教学改革，提高教学质量，加强技术技能型专门人才的培养，经中国纺织服装教育学会、全国纺织服装职业教育教学指导委员会及纺织行业职业技能鉴定指导中心研究，决定于2017年10月在成都纺织高等专科学校举办"瓦栏杯"第九届全国纺织服装类职业院校学生纺织面料设计技能大赛。现将大赛相关事宜通知如下。

一、大赛时间

2017年10月27日报到，10月28～29日比赛。

二、大赛地点

成都，纺织高等专科学校。

三、组织机构

1. 主办单位
中国纺织服装教育学会；
全国纺织服装职业教育教学指导委员会；
纺织行业职业技能鉴定指导中心。

2. 承办单位
成都纺织高等专科学校。

3. 冠名单位
浙江瓦栏文化创意有限公司。

四、参赛对象

全国职业院校纺织类专业的全日制在校学生。

五、比赛项目

本赛项分为纺织面料实物设计和花样设计两个分赛项。面料实物设计分赛项分为机织面料设计和针织面料设计两个组，花样设计分赛项分为花样手绘设计和花样电脑设计两个组。

六、比赛安排

1. 比赛主题

自由绽放。

2. 比赛办法

本次大赛分初赛和决赛两个阶段进行。初赛由各院校自行组织相关专业的全日制在校学生进行选拔。经初赛选拔后，各院校按组报名参加全国决赛(每组每校不超过 5 人)，每个选手限报 2 名指导教师。

3. 比赛成绩的构成

本次大赛倡导理实一体，结合学校教学实际，适当增加新知识、新技术、新设备、新技能等相关内容，分理论知识考核和实际操作考核两部分，两项考核成绩均按百分制计分，最后总成绩由理论知识考核和实际操作考核两项成绩组成，分别占总成绩的 10% 和 90%。

4. 实际操作部分比赛要求

(1) 机织面料设计组。要求设计与打样所有操作过程均在比赛现场进行，打样幅宽 15 cm ± 0.5 cm (含布边，每边 0.5 cm)，长度 15 cm 以上，可以自带原料(筒纱)和为制织特殊品种而设计的附加装置。

(2) 针织面料设计组。要求设计与打样所有操作过程均在比赛现场进行，参赛实物布样幅宽为 100 针(含布边)，长度为 100 转左右，可以自带原料(筒纱)和为织制特殊品种而设计的附加装置。

(3) 手绘花样设计组。要求以现场手绘纸质花样设计稿参赛，设计作品须手绘，设计稿应围绕大赛主题进行花样设计，作品至少要包含一个完整循环花样。设计稿尺寸为 4 K 大小，绘画材料工具自备，画纸由主办方提供。

(4) 电脑花样设计组。以现场电脑绘制的彩色设计样稿参赛。电脑绘制作品尺寸为 40 cm × 60 cm，分辨率为 150 dpi，作品至少要包含一个完整循环花型，大赛软件由主办方统一提供。

七、大赛守则

为保证全国职业院校学生第九届纺织面料设计技能大赛公平、公正地进行，特制定本守则。

(一) 理论试卷与操作比赛

(1) 理论知识测试由大赛组委会于赛前 3 小时组卷，采用题库与拓展结合的形式，题目由 80% 题库 + 20% 拓展题目构成(理论考试时间：60 分钟)。

(2) 技能操作依据"机织面料设计竞赛大纲""针织面料设计竞赛大纲""手绘花样设计竞赛大纲"以及"电脑花样设计竞赛大纲"的要求进行比赛。

(二) 考试

(1) 选手必须自觉服从监考人员等考试工作人员管理，不得以任何理由妨碍监考人员等相关考试工作人员履行职责，不得扰乱比赛现场及其他工作场所的秩序。

(2) 选手凭参赛证件、个人身份证、学生证参加比赛，并在规定时间进入指定考场进行相应项目的测试(机织、针织技能操作，选手可自带筒纱、钢筘、穿综钩、穿筘刀、纤子、自制的特殊机构等工具；花样设计操作，选手可自带画笔、颜料与水桶等)。

(3) 选手提前 15 分钟到相关考场检录，并按考号就座，技能操作在检录时抽取机台号；考试开始后 30 分钟，参赛选手不得进入考场；交卷离场后不得再进场续考，也不得在考场附近逗留或交谈。

(4) 选手在考试中不得携带与考试相关的资料，严禁携带手机等通信工具和 U 盘等存储记忆录放设备，不得与他人交谈，严守考场纪律，如遇疑问可举手向监考人员询问。

(5) 实物组技能操作，每 4 台样机配置 1 台经纱摇纱架，若出现同时使用时，按机台号从小到大排序使用。

(6) 开始信号发出后，比赛开始。

(7) 比赛结束信号发出后，选手应及时停止竞赛，将试卷、实物等交至监考人员处，并得到许可后方能离场。

(8) 选手在理论知识测试中只能在试卷规定位置填写本人姓名、考号、学校名称等，不得在试卷上填写其他相关信息或做其他记号，否则一律作废卷处理。

(9) 选手在实物技能操作时，需将作品(布样)粘贴在试卷的规定位置，在装订线上方相关位置填写本人机台号等。电脑花样设计组要求文件名以选手抽签号命名，并保存在电脑指定文件夹内；手绘花样设计组只能在试卷指定位置填写位置编号。所有实物试卷须经监考人员确认后方可离场。

(三) 监考

(1) 大赛评判组成员由大赛组委会聘请。

(2) 理论知识测试每考场监考人员不得少于 2 人；技能操作可按实际需要安排监考，原则上每 8 位考生不少于 1 位监考人员。

(3) 监考人员在考试过程中，须按要求认真做好相关记录和有关评判工作，不得向考生询问与考试无关的问题，如遇自己不能处置的问题应及时向大赛组委会反映。

(4) 考试结束后，监考人员要及时做好试卷的收集和密封装订工作，确保试卷无遗漏，考生信息无外露。电脑花样设计组要求文件名以选手抽签号命名，由监考人员复制到专用硬盘中，送交打印室打印。

(5) 每个考场的试卷收齐后，监考人员应将试卷装入档案袋中封口，贴上封条，并在封条上签上本考场监考人员姓名，交大赛组委会考务组相关人员封存。

(四) 阅卷

(1) 大赛组委会考务组在大赛评判组成员中随机抽取 5～7 名组成阅卷小组、2～3 名组成督查小组，分别负责理论试卷的批阅、过程的监督。

（2）技能操作作品评审，由大赛组委会聘请的 3～4 名专家评委按照竞赛大纲要求，对作品分组分别打分，取得分平均值为技能操作成绩。

（3）阅卷前要认真查看试卷袋的密封情况，如发现问题及时向大赛组委会反映。

（4）理论阅卷采用流水操作，每位阅卷人员只阅试卷中的某部分题目，最后由 2 人集中统分，阅卷人员与统分人员须在试卷指定位置签上姓名，如所统分数有涂改，请在涂改后的分数旁签上姓名。

（5）阅卷结束后，试卷按要求密封好，阅卷人员和督查人员分别签上姓名。

（五）成绩统计

（1）成绩统计人员由大赛组委会考务组选定，原则上不得少于 3 人，其中 1 人操作，2 人监督。

（2）成绩统计人员将理论知识测试和技能操作成绩分别登录在参赛选手名册相关栏目中。

（3）成绩统计人员按理论成绩占 10%，技能操作成绩占 90%的比例，计算各参赛选手总成绩，并按总成绩由高到低排序。

（4）成绩统计人员打印参赛选手总成绩排序表供大赛组委会评奖。

（六）评奖

（1）评奖人员由大赛组委会相关人员组成。

（2）大赛设个人奖、团体奖和优秀指导教师奖。

（3）大赛个人奖按参赛选手总成绩排名确定。

（4）大赛团体奖按参赛院校团体总分排名确定。

（5）大赛第一名的获得者由中国纺织服装教育学会和纺织行业职业技能鉴定指导中心授予"全国纺织院校学生职业技能标兵"称号，并颁发荣誉证书。

（七）申诉与仲裁

1. 申诉

（1）参赛队对不符合竞赛规定的设备、工具和材料备件，有失公正的检测、评判、奖励，以及对工作人员的违规行为等，均可提出申诉。

（2）参赛队申诉均须由领队按照规定时限以书面形式向仲裁工作组提出。仲裁工作组负责受理选手申诉，并将处理意见尽快通知参赛队领队或当事人。

2. 仲裁

（1）组委会下设仲裁工作组，负责受理大赛中出现的所有申诉并进行仲裁，以保证竞赛的顺利进行和竞赛结果公平、公正。

（2）仲裁工作组的裁决为最终裁决，参赛选手不得因申诉或对处理意见不服而停止比赛，否则按弃权处理。

八、奖项设置

（1）大赛设个人奖、团体奖和优秀指导教师奖。

① 本赛项的四个组分别设个人一等奖、二等奖、三等奖,比例分别为参赛选手的10%、20%、30%,另设优秀奖若干名。

为鼓励参赛作品的独创性,结合每组作品的实际情况,本次大赛还增设了市场潜力奖、设计创新奖、技法表现奖、文化传承奖及最佳作品奖。

② 团体奖:一等奖2个、二等奖4个。

③ 优秀指导教师奖:对获得一等奖选手的指导教师授予"优秀指导教师"奖。

(2) 参赛人数超过30人的组别,该组比赛第一名的获得者由中国纺织服装教育学会和纺织行业职业技能鉴定指导中心授予"全国纺织学院学生职业技能标兵"称号,并颁发荣誉证书。

(3) 浙江瓦栏文化创意有限公司将为最佳作品奖获得者提供价值人民币3999元手绘班名额一个。

九、竞赛大纲

(一) 机织面料设计组竞赛大纲

1. 竞赛目的

为了检阅我国职业院校纺织类专业学生对纺织面料知识综合应用能力和面料设计的创新能力,选拔、培养优秀的纺织面料专业设计人才,为企业培养、蓄积工艺技术力量。通过比赛,提高学生的原料合理选用能力、审美能力、组织和工艺设计能力、市场分析能力以及学生的实际动手操作能力。要求参赛的作品既具有创新性、艺术性,又具有生产性和实用性。

2. 参赛主题

自由绽放。

3. 设计及操作要求

(1) 参赛实物布样,幅宽15 cm ± 0.5 cm(含布边,每边0.5 cm),长度15 cm左右。实物布样的正面不允许出现作者署名,将布样粘贴在试卷的规定位置。

(2) 作品所用原料不限、作品的品种不限,色彩搭配合理。

(3) 参赛作品必须是参赛者用织布小样机织造而成,并且由本人独立完成。

(4) 作品需附设计简述(包括织物规格、原料、纱支、纱线排列、经纬密度、织缩率、上机图、实际织造时应注意的事项等),并说明作品的特点、用途以及市场前景分析等。

(5) 所有参赛作品必须是参赛者本人自行设计和开发的作品,大赛组委会不负责参赛者对参赛作品拥有权的核实。若发生侵权或者违反知识产权的行为,由参赛者自行承担相应的法律责任,并取消参赛资格。

4. 评选标准

(1) 小样设计及织造质量占50%。

(2) 织物创新性占20%。

(3) 织物流行性占10%。

(4) 市场潜力占20%。

5. 机织面料设计作品评分表(参考)

评定项目和分值	要求	具体参考分值	评定标准	备注
工艺设计与作品质量(总分50)	1. 规格和工艺设计合理	10分	1. 完全满足要求 (50分) 2. 基本满足要求(40分) 3. 部分不能满足要求(30分) 4. 与要求差异较大(25分以下)	
	2. 作品的各项规格参数与设计要求一致	10分		
	3. 布面质量好(小样布边要求平整),无明显织疵	15分		
	4. 色彩搭配合理,和谐美观	10分		
	5. 工艺条件说明完整	5分		
创新性(总分20)	1. 新材料的应用 2. 作品的功能性创新 3. 作品的特殊整理 4. 作品的工艺、技术创新	20分	1. 创新性明显(20分) 2. 创新性一般(15分) 3. 缺乏创新(10分以下)	三项中,只要有一项创新显著,可得20分
流行性(总分10)	1. 作品的时尚性 2. 作品的前瞻性	10分	1. 符合当今流行趋势(10分) 2. 基本符合(8分) 3. 不符合(5分以下)	三项综合考虑给分
市场潜力(总分20)	1. 作品的实用性 2. 作品的技术性 3. 作品的环保性	20分	1. 市场潜力大(20分) 2. 市场潜力一般(15分)	两项综合考虑给分

(二) 针织面料设计组竞赛大纲

1. 竞赛目的

为了检阅我国职业院校纺织类专业学生对纺织面料知识综合应用能力和面料设计的创新能力,选拔、培养优秀的纺织面料专业设计人才,为企业培养、蓄积工艺技术力量。通过比赛,提高学生的原料合理选用能力、审美能力、组织和工艺设计能力、市场分析能力以及学生的实际动手操作能力。要求参赛的作品既具有创新性、艺术性,又具有生产性和实用性。

2. 参赛主题

自由绽放。

3. 设计及操作要求

(1) 参赛实物布样,幅宽100针(含布边),长度100转左右。实物布样的正面不允许出现作者署名,将布样粘贴在试卷的规定位置。

(2) 作品所用原料不限,作品的品种及颜色不限,色彩搭配合理,原料由主办方提供,也可自己准备(主办方提供机型:7 G机号)。

(3) 参赛作品必须是参赛者用针织手动横机织造而成的,并且由本人独立完成。

(4) 作品需附设计简述(包括上机图、实际织造时应注意的事项等)，并说明作品的特点及设计理念分析等。

(5) 所有参赛作品必须是参赛者本人自行设计和开发的作品，大赛组委会不负责参赛者对参赛作品拥有权的核实。若发生侵权或者违反知识产权的行为，由参赛者自行承担相应的法律责任，并取消参赛资格。

4. 评选标准

(1) 小样设计及织造质量占50%。

(2) 织物创新性占20%。

(3) 织物流行性占10%。

(4) 市场潜力占20%。

5. 针织面料设计作品评分表(参考)

评定项目和分值	要求	具体参考分值	评定标准	备注
工艺设计与作品质量(总分50)	1. 规格和工艺设计合理	10分	1. 完全满足要求 (50分) 2. 基本满足要求(40分) 3. 部分不能满足要求(30分) 4. 与要求差异较大(25分以下)	
	2. 作品的各项规格参数与设计要求一致	10分		
	3. 布面质量好(小样布边要求平整)，无明显织疵	15分		
	4. 花型和谐美观	10分		
	5. 工艺条件说明完整	5分		
创新性(总分20)	1. 新材料的应用 2. 作品的功能性创新 3. 作品的特殊整理 4. 作品的工艺、技术创新	20分	1. 创新性明显(20分) 2. 创新性一般(15分) 3. 缺乏创新(10分以下)	三项中，只要有一项创新显著，可得20分
流行性(总分10)	1. 作品的时尚性 2. 作品的前瞻性	10分	1. 符合当今流行趋势(10分) 2. 基本符合(8分) 3. 不符合(5分以下)	三项综合考虑给分
市场潜力(总分20)	1. 作品的实用性 2. 作品的技术性 3. 作品的环保性	20分	1. 市场潜力大(20分) 2. 市场潜力一般(15分)	两项综合考虑给分

(三) 手绘花样设计组竞赛大纲

1. 竞赛目的

为了进一步推动纺织新产品、新面料的创新与开发，推动我国纺织业技术水平的进一步提高，增加产品附加值，扩大国内外市场份额，培养出高水平的设计人才，提高我国职业院校纺织专业学生的面料花样设计与创新能力，特举办本次竞赛。

2．参赛主题

自由绽放。

3．设计及操作要求

(1) 所有参赛作品须是设计者原创作品，大赛组委会不负责参赛者对参赛作品拥有权的核实。若发生侵权或者违反知识产权的行为，由参赛者自行承担相应的法律责任，并取消参赛资格。

(2) 要求以现场手绘纸质花样设计稿参赛，设计作品须手绘，设计稿应围绕大赛主题进行花样设计，作品至少要包含一个完整循环花样。设计稿尺寸为 4 K 大小，绘画材料工具自备，画纸由主办方提供。

(3) 设计稿正面要求不允许出现作者姓名等敏感信息，设计者须按要求将姓名与编号填写在相应设计稿的相应位置。

4．评选标准

(1) 创新性与设计内容占 50%。

(2) 流行把握度与市场应用潜力占 40%。

(3) 设计稿表现能力占 10%。

5．手绘花样设计作品评分表(参考)

项　　　　目			得　　分
1．总体创意(20 分)	(1) 设计定位是否准确	10 分	
	(2) 设计理念是否有创新	10 分	
2．设计内容(30 分)	(1) 主体花型布局是否合理	10 分	
	(2) 花样设计与配色是否合理	10 分	
	(3) 花样是否符合制作工艺要求	10 分	
3．流行性(20 分)	(1) 花样的流行性与前瞻性	10 分	
	(2) 花样的时尚性	10 分	
4．市场潜力(20 分)	(1) 花样产品生产的便利性	10 分	
	(2) 花样产品附加值的增加度	10 分	
5．表现能力(10 分)	(1) 表现内容是否流畅	5 分	
	(2) 表现技法是否新颖	5 分	

(四) 电脑花样设计组竞赛大纲

1．竞赛目的

为了进一步推动纺织新产品、新面料的创新与开发，推动我国纺织业的进一步提高，增加产品附加值，扩大国内外市场份额，培养出高水平的设计人才，提高我国职业院校纺织专业学生的面料花样设计与创新能力，特举办全国纺织服装类职业院校面料设计大赛，对推动我国纺织面料设计人才的培养具有非常的意义。

2. 参赛主题

自由绽放。

3. 设计及操作要求

(1) 所有参赛作品均是参赛人自行设计和开发的作品，大赛组委会不负责参赛者对参赛作品拥有权的核实。若发生侵权或者违反知识产权的行为，由参赛者自行承担相应的法律责任，并取消参赛资格。

(2) 以现场电脑绘制的彩色设计样稿参赛。电脑绘制作品尺寸为 40 cm × 60 cm，分辨率为 150 dpi，作品至少要包含一个完整循环花型，大赛提供 Photoshop 及 CorelDRAW 两种软件，版本待定。

(3) 电脑设计图稿要求文件名以选手编号命名，并保存在电脑指定文件夹内，经监考人员确认后方可离开考场。

4. 评选标准

(1) 创新性占 40%。

(2) 流行把握度和时尚切合度占 45%。

(3) 市场应用潜力占 15%。

5. 电脑花样设计作品评分表(参考)

项　　　目			得　分
1. 总体创意(40 分)	(1) 设计定位是否准确	20 分	
	(2) 构思创意是否有新意	10 分	
	(3) 表现内容是否流畅	10 分	
2. 设计内容(30 分)	(1) 主体花型布局设计是否合理	10 分	
	(2) 色彩是否合理	10 分	
	(3) 图片质量是否符合工艺要求	10 分	
3. 流行性(15 分)	(1) 流行性、前瞻性	10 分	
	(2) 作品时尚性	5 分	
4. 市场潜力(15 分)	(1) 产品生产的便利性	10 分	
	(2) 产品的附加值高	5 分	

十、费用

报名费：参赛选手按 100 元/人缴纳报名费。

会务费：带队教师 1200 元/人，参赛学生 600 元/人，食宿由大赛组委会统一安排，费用自理。

十一、版权

参与本次大赛的所有花样设计作品赛后都会在由浙江瓦栏文化创意有限公司经营的

"瓦栏网"上进行展示，作品版权归作者所有。

十二、其他

1. 报到时间：2017 年 10 月 27 日 17:00 前。
2. 报到地点及乘车路线见附件 9。

中国纺织服装教育学会

全国纺织服装职业教育教学指导委员会

纺织行业职业技能鉴定指导中心

2017 年 6 月 15 日

赛项4 2017年陕西省高等职业院校技能大赛

"服装设计与工艺"赛项规程

一、竞赛名称

赛项编号：ZZ—2017034

赛项名称：服装设计与工艺

英语翻译：Costume Design and Technology

赛项组别：高职组

赛项归属产业：纺织类

二、竞赛目的

通过大赛检验和展示高职院校服装类专业教学改革成果和学生服装设计岗位通用技术与职业能力，引领和促进高职院校服装类专业建设与教学改革，提升教学质量；夯实学生专业核心技能与核心知识，锻炼学生利用所学知识与技术，发现、分析、解决问题的能力，提高学生的专业综合技能；激发和调动行业企业关注和参与服装类专业教学改革的主动性和积极性，推动提升高职院校服装设计与工艺职业人才培养水平。

三、赛项设计原则

(1) 坚持公开、公平、公正原则。公平、公正地组织、筹备赛项各个环节。赛题编制遵从公开、公平、公正原则，合理设计竞赛规则、程序、标准；公布理论考核试题库；公开竞赛试题内容，并附竞赛试题的样卷；公开执行赛事过程，选手抽签和作品评分均进行二次加密，保证比赛结果公平、公正。

(2) 坚持注重岗位关联性原则。校企专家共同组成赛项专家组，按照服装企业岗位要求和职业标准设计赛项，收集、整理并研制赛题。赛项设计一方面注重关联职业岗位的知识体系，以满足企业对服装设计师、服装打版师、服装管理与制作等关键岗位人才的需求；另一方面向高职服装院校开设专业点多、职业岗位面广、人才需求量大的内容倾斜，推动人才培养与专业教学改革。

(3) 突出专业知识与技能原则。科学合理设计竞赛内容，认真梳理服装专业核心能力与核心知识，如服装设计分赛项突出设计原理的运用、计算机绘图、创新创意理念的拓展及造型技术的表达等知识与能力。服装工艺分赛项突出服装样板的设计制作、服装缝制工业与整烫技术的提高与训练。竞赛既能体现职业岗位或岗位群的知识、能力与技术，又涵盖丰富的专业知识与专业技能点。

(4) 坚持竞赛平台优化原则。根据服装专业特点，赛项选用的服装缝制设备、计算机、打印机、计算机绘图软件、服装 CAD 软件等均为目前较先进、通用性强、社会保有量高的设备与软件。

四、竞赛内容

本赛项根据高职院校服装专业技能型人才培养的总体要求，结合现代服装企业科技发展与技术创新的人才需求，围绕服装设计与工艺专业的核心技能，设计出针对服装设计和服装工艺技术两种岗位对应的知识、素质、技能竞赛内容。重点考查选手的实际动手能力、规范操作水平、创新创意水平，检验参赛选手的综合职业能力，有利于促进学生就业与发展。

本赛项竞赛内容包括两个分赛项，每个分赛项由理论知识竞赛和技能竞赛两个环节组成。

理论知识竞赛：采用闭卷笔试。试题包含服装设计概论、服装色彩设计知识、服装材料设计知识、服装造型设计原理、服装结构设计、服装工艺学等专业理论知识和岗位职业素质内容，考试题型有名词解释题(20%)、填空题(30%)、选择题(30%)、问答与计算题(20%)。

技能竞赛：采用现场决赛方式进行，分别进行服装设计、服装制版与工艺两个分赛项。

1. 服装设计分赛项

坚持以"创新创意+造型能力+效果表达"为赛项宗旨，突出服装设计能力、效果表达能力、造型能力的培养与训练。比赛内容包括创意服装设计、服装拓展设计、立裁造型三项技能，且采用现场决赛方式。

任务一：创意服装设计

针对本次大赛主题，结合品牌市场定位和流行元素，创意设计一个系列两款女装，运用计算机绘图软件，绘制彩色服装效果图(A3 幅面)和平面款式图，同时配以不少于 300 字的设计说明。

任务二：服装拓展设计

选手从所完成的创意服装设计效果图中提取核心设计元素，运用计算机绘图软件进行命题服装类别拓展设计。要求根据赛项命题组确定的一个类别服装(如礼服、春秋外套、衬衣、连衣裙、风衣、大衣等)，拓展设计三款服装组成一个系列。作品要求以彩色平面款式图(前、后身)表现，灵活运用原系列服装的设计元素，创意延伸自然，拓展恰当，符合服装类特征，市场定位准确，价值体现突出。同时，要按 1～3 进行款式序列编号，页面打印设置规格为 A3 纸。

选手完成第一项和第二项竞赛任务后，在计算机桌面新建一个文件夹，以选手的工位号命名，然后将创意服装设计效果图和平面款式图、拓展设计平面款式图等全部图形文件以及设计说明文档存入文件夹。

任务三：立裁造型

在服装拓展设计的三款服装中，由赛项命题组确定一个款式号，选手在现场进行该号服装款式的立裁造型制作。通过任意的结构设计方法，用坯布在人台上完成立裁试样与制作。要求作品基本上能够完整地从人台上取下来，大头针固定占50%，能够充分体现设计的造型效果。

2. 服装制版与工艺分赛项

坚持以"造型能力+制版技术+制衣技术"为赛项宗旨，突出服装造型能力、结构设计能力、工艺制作能力的培养与训练。比赛内容包括服装立裁制版、样衣工艺制作两项技能，且采用现场决赛方式。

任务一：服装立裁制版

根据命题要求的款式造型与风格，按165/84A的规格号型设计服装主要控制部位规格尺寸，用坯布在人台上进行前后衣身的立体裁剪，将立裁衣片转化成平面样板并在衣身基础上配领、配袖，制作该款服装1：1面料工业样板一套(含裁剪样板和工艺样板)。

任务二：样衣工艺制作

选手使用大赛统一提供的面料，依照任务一制作的工业样板，进行衣片的裁剪、缝制、整烫，将制作完成的样衣穿在人台上进行立体展示。

五、竞赛方式

比赛采取个人赛方式进行，以省内各院校为单位组队参赛。比赛分两个分赛项，每个学校可选派4名选手参加一个分赛项，或者选派8名选手分别参加两个分赛项。

参赛选手须为在校在籍学生，不分年级。每名选手限1名指导教师，选手和指导教师的对应关系一经确定不得随意变更。不符合参赛资格的学生不得参赛，一经发现即取消参赛资格，且大赛执委会有权责令其退回已经获得的有关荣誉和奖励，并予以通报批评。

六、竞赛流程与时间安排

(一) 竞赛流程

1. 理论知识考试流程

检录抽取参赛号　→　选手入场考试　→　评分结果

2. 现场技能操作流程

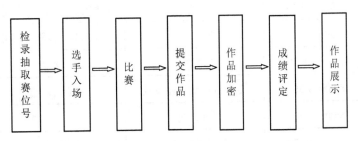

检录抽取赛位号　→　选手入场　→　比赛　→　提交作品　→　作品加密　→　成绩评定　→　作品展示

(二) 赛项时间安排(可适当调整，以日程为准)

日期	时　间	内　容	参加人员	地点
2017 年 3 月 24 日	13:30 之前	参赛领队、选手报到	会务组工作人员	住宿宾馆
	14:00~15:30	领队会议	领队	会议室
	14:00~15:30	熟悉场地，试用设备	选手、指导教师	比赛场所
	16:00~17:30	开幕式	全体人员	报告厅
	17:40~18:40	晚餐	全体人员	住宿宾馆
	19:00~19:50	理论知识考试	选手、监考人员	教学楼
2017 年 3 月 25 日	服装设计分赛项(10 小时)			
	7:30~8:00	选手检录	全体选手、监考人员	第一赛场
	8:00~8:30	抽取工位号、设备调试	全体选手、加密裁判、监考人员	第一赛场
	8:30~11:30	创意服装设计	全体选手、裁判、监考人员	第一赛场
	11:30~12:00 12:30~15:00	服装拓展设计	全体选手、裁判、监考人员	第一赛场
	12:00~12:30	午餐	全体选手、裁判、监考人员	第一赛场
	15:00~19:00	立裁造型	全体选手、监考人员	第二赛场
	19:00~19:30	作品加密	加密裁判	第二赛场
	服装制版与工艺分赛项(10 小时)			
	7:30~8:00	选手检录	全体选手、监考人员	第三赛场
	8:00~8:30	抽取工位号、设备调试	全体选手、加密裁判、监考人员	第三赛场
	8:30~12:00	服装立裁制版	全体选手、监考、工作人员	第三赛场
	12:00~12:30	午餐	全体选手、裁判、监考人员	第三赛场
	13:30~19:00	样衣工艺制作	全体选手、裁判、监考人员	第三赛场
	19:00~19:30	作品加密	加密裁判	第三赛场
2017 年 3 月 26 日	8:00~9:30	专题讲座或企业参观	领队、选手	
	8:00~9:30	评分、统分	裁判员	
	10:00~10:30	闭幕式暨颁奖仪式	全体领队、选手	报告厅

(三) 分赛项竞赛时间分配

1. 服装设计分赛项

序号	竞赛内容	时间	配分(%)	备注
1	理论考试	50分钟	10	提前一天进行
2	创意服装设计	3小时	25	当天进行
3	服装拓展设计	3小时	25	
4	立裁造型	4小时	40	
合　计			100	

2. 服装制版与工艺分赛项

序号	比赛内容	时间	配分(%)	备注
1	理论考试	50分钟	10	提前一天进行
2	服装立裁制版	4.5小时	30	当天进行
3	样衣工艺制作	5.5小时	60	
合　计			100	

七、竞赛规则

(一) 报名资格及参赛队伍要求

所有参赛选手均须为全日制正式学籍高等职业学校在校学生。现场决赛的参赛队以学校为单位,由1名领队和8名选手及对应指导教师组成。参加各个分赛项的选手需独立完成理论知识考试和操作技能竞赛,单独计分,以综合成绩决定个人名次。

(二) 竞赛纪津要求

(1) 比赛场地在比赛日的第一天15:00～16:00对选手开放,熟悉场地。

(2) 比赛日第一天14:00～15:00召开领队会议,会议讲解竞赛注意事项并进行赛前答疑。会后由各参赛队伍的领队或指导教师参加,通过抽签确定各参赛选手的场次和工位号,选手不得自行调换工位。

(3) 参赛选手应提前15分钟到达赛场,凭参赛证、身份证检录,按要求排序入场等候,不得迟到早退。根据抽签结果按序号入座,裁判负责核对参赛队员信息;严禁参赛选手携带与竞赛无关的设备与用品入场。

(三) 文明参赛

(1) 比赛过程中严格遵守比赛规则，尊重裁判，服从指挥。

(2) 除大赛要求选手自备的工具外，参赛选手不得携带其他与竞赛无关的物品进入赛场，如手机、U 盘、照相机等。一经发现，以作弊处理，取消比赛资格及成绩。

(3) 竞赛过程中，参赛选手须严格遵守操作规程，确保人身及设备安全，并接受裁判员的监督和警示。若因选手个人原因造成设备故障，裁判长有权中止比赛。

(四) 成绩评定及公布

(1) 本赛项裁判组由现场裁判、评分裁判、加密裁判分别执裁，以保证比赛结果公平、公正、公开。

(2) 本赛项理论知识考试采用流水阅卷方式评分，技能竞赛的两个分项赛分别根据其各个阶段任务模块完成的作品质量评分，每个阶段评分前均对作品重新编号加密，各裁判独立评分，最终以所有裁判评分的平均值计算选手得分。

(3) 按照竞赛规程，在单项赛比赛结束后，比赛成绩经裁判长和监督员审核签字后，方可公布竞赛全部结果。

(4) 赛场裁判将数据进行备份和保存，成绩单提交给大赛组委会备案。

(5) 参赛代表队若对赛事有异议，可由领队按规程提出书面申诉。

八、比赛项目专业教学要求和技术规范

(一) 比赛项目专业教学要求

(1) 能够正确绘制命题要求的服装彩色效果图与平面款式图，掌握绘制服装效果图的方法与技巧。

(2) 掌握基本的服装色彩组合搭配，具有服装色彩的分析能力。

(3) 能根据面料的风格特性、面料质感进行服装款式的设计，掌握纹样在服装设计中的应用。

(4) 掌握服装内结构、外轮廓的设计方法，掌握服装局部的类型、特点及变化设计。

(5) 规范化制板(含 CAD 制版)与缝制；能正确处理各部件之间的关系，合理配伍各裁片的缝份、丝绺；能掌握不同门幅面料的优化排料；能独立验证样板。

(6) 能独立完成款式的裁剪、配伍与缝制工艺并符合质量要求。

(二) 技术规范

本赛项的服装规格系列参照《服装号型》(GB/T 1335)的基本内容，同时参照国家、行业、职业对应的标准。

职业功能	工作内容	技　能　要　求	相　关　知　识
制版	(一) 人体测量	1. 能按照人体体型，准确测量男西服、大衣、旗袍等的规格 2. 能对特殊体型的特殊部位进行测量，并做出明确的标注和图示	1. 特殊体型的基本类型 2. 特殊体型与服装结构的关系
	(二) 设置号型规格系列	1. 能编制服装主要部位规格及配属规格 2. 能依据人体号型标准，编制合理的服装产品规格系列	国家人体号型标准
	(三) 打制样板	1. 能制定男西服、大衣、旗袍等的基础样板 2. 能根据缝制工艺要求，对样板中所需的缝份、归势、拔量、纱向、条格及预缩量进行合理调整 3. 能按基础样板对特殊体型的特殊部位进行合理调整 4. 能按照生产需要打制工艺操作样板	1. 工业化生产用样板的种类与用途 2. 样板使用与保存的有关知识 3. 条格面料在样板上的标示方法
	(四) 样板缩放	能依据服装产品规格系列对服装全套样板进行合理缩放	服装制板有关知识
裁剪	(一) 验料、排料与划皮	1. 能根据定额、款式、号型搭配和原料幅宽等计算用料率 2. 能针对条格料、压光料、倒顺料、不对称条格料及图案料等选用合理的排料方法 3. 能按产品批量、号型搭配的数量排料、划皮，在定额范围内最大限度地降低原、辅料消耗	1. 原、辅料消耗的计算方法 2. 条格原料、毛绒原料、不对称条格原料等的使用要求 3. 排料方法和技巧
	(二) 立体裁剪	1. 能利用人体模型进行服装基样的裁剪 2. 能根据服装造型的需要，运用立体裁剪法对男西服、大衣、旗袍等进行调整 3. 能将立体裁剪的样型转化为平面板型	服装立体裁剪法
缝制	(一) 实施工艺文件	1. 能按工艺文件的要求和资源配置，组织工艺流程的实施 2. 能根据生产能力，合理调配工序	1. 工时定额的测定方法 2. 装备与生产能力的关系
	(二) 试板与样衣制作	1. 能按基础板试制样衣 2. 能通过试样对基础板提出修改意见 3. 能根据修正后的基础板制作标样	1. 样衣的鉴定修定方法和要求 2. 标样的封存与管理要求
	(三) 组织生产	1. 能根据生产能力，组织最佳缝制组合流程，做到分工明确，均衡生产 2. 能及时排除影响正常生产的因素 3. 能按照工艺标准对在线产品进行质量监督检验 4. 能对照标样，对下线的首件产品进行工艺质量鉴定	全面质量管理的有关知识
	(四) 设备的使用保养	1. 能使用与生产相关的专业设备 2. 能按设备的使用要求及时进行维护与保养	专业设备的使用注意事项

九、技术平台

1. 创意服装设计和服装拓展设计

软件：CorelDraw X4。

计算机(最低配置)：CPU 第四代 i5 处理器、内存 4 GB、硬盘 200 GB 空间、显卡 GTX750(1 GB 显存)、11 寸显示器、Windows 7 64 位系统、影拓 intous pro cth690。

彩色激光打印机：惠普 CP5225，A3 幅面。

2. 立裁造型

人台：165/84A 型标准人台(广德精准 JXMT-1518 教学用立裁人台)

高速平缝机：JUKI 平缝机。

3. 服装制版与工艺

高速平缝机：JUKI 平缝机。

工作台(裁剪桌)：定制

吊瓶蒸汽熨斗：美宁 MN-777。

熨烫台：定制。

4. 用具清单

序号	工具	数量	服装设计赛项	服装制版与工艺赛项	备注
1	计算机及软件、数位板	1 台套/人	#		大赛准备
2	工业用高速平缝机	1 台/人	#	#	
3	工作台	1 个/人	#	#	
4	人台(165/84A)	1 个/人	#	#	
5	熨斗、烫布	1 套/人	#	#	
6	立裁用棉布	5 米/人	#	#	
7	白涤棉线	1 轴/人	#	#	
8	梭壳、梭芯	1 套/人	#	#	
9	打样用纸	5 张/人	#	#	
10	复印纸	2 张/人		#	
11	面料(双幅)	2 米/人		#	
12	里料(双幅)	2 米/人		#	
13	衬布	1 米/人		#	
14	熨烫馒头	1 个/4 人	#	#	
15	垫肩	1 付/人	#	#	

续表

序号	工具	数量	服装设计赛项	服装制版与工艺赛项	备注
16	大头针		#	#	大赛准备
17	标注带(红色)		#	#	
18	机针		#	#	
19	布手臂				选手自备
20	大、小剪刀				
21	针插、手针				
22	打板用尺、铅笔				
23	描线器				
24	镊子、划粉				

十、评分标准制订原则、评分方法和评分细则

(一) 评分标准制订原则

本项比赛根据高职院校教育教学特点,以技能考核为主,以相关职业工种技能标准为依据,由专家组制定比赛规程、实施方案与各项评分细则,由服装教育教学专家与企业专家组成评判委员会,并本着"公平、公正、公开、科学、规范、透明"的原则,通过创新设计、规范制作等形式,对功能、结构、加工工艺、性能价格比、先进性、创新性等多方面进行综合评价,最终按总评分得分高低确定奖项归属。

(二) 评分方法

(1) 在赛事裁判委员会领导下,赛项裁判组负责赛项成绩评定工作,并上报赛事总工作组,由赛事总工作组对比赛结果做最终裁定。

(2) 各竞赛项目和竞赛总分均按百分制计分。裁判组严格遵照专家组制定的各项评分细则,采取分步得分、累计总分的计分方式,分别计算各子项得分,按规定比例计入总分。

(3) 在竞赛时段,参赛选手如出现扰乱赛场秩序、干扰裁判和监考正常工作等不文明行为,由专项裁判长扣减该专项相应分数,情节严重的取消比赛资格,该专项成绩为0分。参赛选手有作弊行为的,取消比赛资格,该专项成绩为0分。

(4) 参赛选手不得在竞赛结果上标注含有本参赛队信息的记号,如有发现,取消奖项评比资格。为保证裁判公平、公正,在每个现场评分环节,均由赛项执委会组织工作人员对参赛作品进行二次加密。

(三) 评分细则

1. 服装设计分赛项

评分项目	评 分 要 点	分值权重(%)	评分方式
创意服装设计 (25分)	创意设计能力：紧扣大赛主题，体现流行趋势，时装系列感强，有原创艺术性，有鲜明的风格，表现时尚潮流	30	根据服装效果图表现技法和设计创意评分
	表现技法：人体形态自然美观，时装造型、结构表达准确，色彩搭配协调，面料肌理表现得当，绘画技法熟练	30	
	整体效果：能够注意服装的整体搭配效果，注意服饰配件的设计与运用	20	
	数量要求：在规定时间内完成规定的效果图和平面款式图	10	
	设计说明：清晰表述服装设计灵感来源、设计风格、流行元素的运用以及服装造型、结构、面料、色彩、工艺的特点	10	
服装拓展设计 (25分)	设计能力：设计元素运用得当，时装系列感强，符合形式美法则，有原创艺术性，有鲜明的风格，表现时尚潮流	30	根据服装系列款式图设计水平评分
	款式绘制：充分体现服装廓型、比例、工艺和结构特征，绘图规范。图面干净，线迹清爽	30	
	色彩效果：色彩搭配协调，注意流行色的运用，表现得当，有层次感，面料肌理充分体现	20	
	整体效果：能够注意服装的整体搭配效果，注意服饰配件的设计与运用	10	
	数量要求：在规定时间内完成规定数量的款式设计	10	
立体造型 (40分)	结构设计能力：能正确选择服装平面结构设计和立体裁剪的方法，熟练运用操作规范；结构设计方法合理，制版规范，操作自如	20	根据服装造型效果评分
	造型款式效果：准确实现服装造型，以及服装款式的局部形态、工艺形式，服装松量控制得当	20	
	工艺制作选择：对服装材料特性和工艺处理方法有一定理解，并能准确表现在服装制作上	20	
	总体效果完善：固定针法娴熟精准，服装总体效果干净、平整，能体现服装设计的造型、款式、工艺	40	

2. 服装制版与工艺分赛项

评分项目	评　分　要　点	分值权重(%)	评分方式
服装立裁 (15分)	各部位尺寸制定合理，放松量合理，造型美观	40	根据衣身立裁照片(前、侧、背)细节评分
	衣身结构平衡，无起吊、起皱现象	20	
	领口、袖窿曲线圆顺、合理	20	
	设计线、造型线标记准确，符合款式比例要求	20	
服装制版 (15分)	服装样板齐全，规格准确，在规定的公差范围内控制部位规格允差±0.2 cm	25	审核服装样板评分
	制图结构准确，线条清晰，顺直流畅，干净整洁	15	
	衣袖与衣身协调，造型美观，结构准确，袖山吃势合理，各对位点标注准确	20	
	衣领造型符合款式要求，与领口线达到结构吻合	20	
	服装样板各部位放量准确、合理，曲线顺畅，每片样板须标注齐全	20	
样衣 裁剪制作 (60分)	服装整体效果美观；规格准确，比例协调；工艺精致，松度平衡	30	根据样衣穿着效果评分
	衣袖左右对称，前后适中，袖山吃势均匀，无不良褶皱	25	
	衣领平服贴体，左右对称，串口线顺直，止口不返吐	20	
	部件制作完整，纱向合理，无遗漏等现象	15	
	熨烫到位，无烫黄、极光现象	10	

十一、奖项设置

(1) 个人奖：服装设计分赛项设个人奖，一等奖占比 10%，二等奖占比 20%，三等奖占比 30%(小数点后四舍五入)；服装制版与工艺分赛项设个人奖，一等奖占比 10%，二等奖占比 20%，三等奖占比 30%(小数点后四舍五入)。

(2) 指导教师奖：获得一等奖的参赛选手指导教师由大赛执委会颁发优秀指导教师证书。

十二、申诉与仲裁

(一) 申诉

(1) 参赛队对不符合竞赛规定的设备、工具、软件，有失公正的评判、奖励，以及对工作人员的违规行为等，均可提出申诉。

(2) 申诉应在竞赛结束后 2 小时内提出，超过时效将不予受理。申诉时，应按照规定的程序由参赛队领队向相应赛项仲裁工作组递交书面申诉报告。报告应对申诉事件的现象、发生的时间、涉及的人员、申诉依据与理由等进行充分、实事求是的叙述。事实依据不充分、仅凭主观臆断的申诉将不予受理。申诉报告须有申诉的参赛选手、领队签名。

(3) 赛项仲裁工作组收到申诉报告后，应根据申诉事由进行审查，6 小时内书面通知申诉方，告知申诉处理结果。如受理申诉，要通知申诉方举办听证会的时间和地点；如不受理申诉，要说明理由。

(4) 申诉人不得无故拒不接受处理结果，不允许采取过激行为刁难、攻击工作人员，否则视为放弃申诉。申诉人不满意赛项仲裁工作组的处理结果的，可向大赛赛区仲裁委员会提出复议申请。

(二) 仲裁

大赛采用两级仲裁机制。赛项设仲裁工作组，赛区设仲裁委员会。赛项仲裁工作组接受由代表队领队提出的对裁判结果的申诉。大赛执委会办公室选派人员参加赛区仲裁委员会工作。赛项仲裁工作组在接到申诉后的 2 小时内组织复议，并及时反馈复议结果。申诉方对复议结果仍有异议，可由省(市)领队向赛区仲裁委员会提出申诉。赛区仲裁委员会的仲裁结果为最终结果。

十三、赛事保密细则和预案

(1) 竞赛开始前 7 天完成竞赛题库设计和评分细则制定。
(2) 赛题统一印刷、运输和保密管理。
(3) 竞赛现场严禁参赛选手与外界沟通，如有发现一律清出赛场，废弃比赛资格。
(4) 竞赛开始前 1 小时由本赛项专家组从备选试题中选定竞赛用题。

服装设计与工艺赛项执委会
2017 年 2 月 27 日

参 考 文 献

[1]　周苏. 创新思维与方法[M]. 北京：机械工业出版社，2017.

[2]　陕西省职业教育学会"双创"教育课程编写组。大学生创新创业基础[M]. 西安：西北大学出版社，2016.

[3]　丛子斌. 创新创业教育[M]. 北京：高等教育出版社，2016.

[4]　康晓玲. 创新思维与创新能力[M]. 北京：电子工业出版社，2015.

[5]　郭强. 创新能力培训全案[M]. 3 版. 北京：人民邮电出版社，2014.

[6]　蓝红星. 创新能力开发与训练[M]. 成都：西南财经大学出版社，2014.

[7]　姚志恩. 创新能力教程[M]. 北京：化学工业出版社，2014.

[8]　刘明亮. 高等教育管理与大学生创新能力培养研究[M]. 北京：科学技术文献出版社，2017.

[9]　刘辉，李强，王秀艳. 大学生创新创业基础[M]. 上海：上海交通大学出版社，2016.

[10]　侯光明，李存金，王俊鹏. 十六种典型创新方法[M]. 北京：北京理工大学出版社，2015.

[11]　陈红. 创造学与创新管理[M]. 郑州：河南人民出版社，2015.

[12]　李伟，张世辉. 创新创业教程[M]. 北京：清华大学出版社，2015.

[13]　景宏磊，李海婷. 创新引领创业：大学生创新创业教程[M]. 青岛：中国石油大学出版社，2016.

[14]　赵瑞，顾玲. 大学生创新创业教育[M]. 北京：科学技术文献出版社，2017.

[15]　李肖鸣，朱建新. 大学生创业基础[M]. 2 版. 北京：清华大学出版社，2016.

[16]　王妮娜，熊伟. 大学生创业教育与实践[M]. 北京：北京师范大学出版社，2016.

[17]　张秦龙，易思飞. 大学生就业与创新创业教程(慕课版)[M]. 北京：人民邮电出版社，2016.

[18]　孙陶然. 创业 36 条军规[M]. 北京：中信出版社，2012.

[19]　罗琴，罗江，李鹏. 大学生创新创业教程[M]. 镇江：江苏大学出版社，2017.

[20]　孙伟，李长智. 创新创业教程[M]. 北京：清华大学出版社，2017.

[21]　王妮娜，熊伟. 大学生创业教育与实践[M]. 北京：北京师范大学出版社，2016.

[22]　邓文达，邓朝晖，李一. 大学生创新创业[M]. 北京：人民邮电出版社，2018.

[23]　杜静，刘媛，颜伟. 市场营销学[M]. 北京：北京工业大学出版社，2017.

[24]　由建勋. 创新创业实务[M]. 北京：高等教育出版社，2016.

[25]　万玉青，李运楼，黄凤芝. 大学生创新创业基础训练教程[M]. 上海：上海交通大学出版社，2016.

[26]　刘辉，李强，王秀艳. 大学生创新创业教程[M]. 上海：上海交通大学出版社，2017.

[27]　由建勋. 管理学基础[M]. 北京：中国人民大学出版社，2015.

[28]　王鑫. 创新创业营销技能读本[M]. 北京：高等教育出版社，2017.

[29]　王玉帅，尹继东. 创业者：定义的演化和重新界定[J]. 科技进步与对策，2009，26(10)：137-141.